全国专业技术人员计算机应用能力考试标准教程

Word 2003 中文字处理

全国专业技术人员计算机应用能力考试命题研究组　编著

清华大学出版社

北京

内 容 简 介

本书严格根据最新颁布的《全国专业技术人员计算机应用能力考试大纲》而编写，并结合了考试环境、历年考题的特点、考题的分布和解题的方法。

本书循序渐进地讲解了 Word 2003 考试中应该掌握、熟悉和了解的内容，并结合了大量精简的案例操作演示，内容直观明了、易学，具体内容包括大纲中要求的 9 个模块：Word 2003 的基础、文本的处理、字符的格式化、使用段落样式、设置文档格式、表格的应用、图形对象的应用、长文档的处理和批量文档的制作，各个章节除了操作演示之外均安排了"本节考点"和"本章试题解析"，前者帮助考生归纳了考试中可能会出现的所有考点，以便进行有针对性的复习，后者供考生进行模拟测试。本书的光盘中设置了一个试题库，包括全真的解题演示和自测练习，考生可以在其中进行模拟测试，当遇到难解之题或者做错了考题的时候，可以查看对应的解题演示。

本书适合报考全国专业技术人员计算机应用能力考试"Word 2003 中文字处理"科目的考生选用，也可作为大中专院校相关专业的教学辅导用书或相关培训课程的教材。

图书在版编目（CIP）数据

全国专业技术人员计算机应用能力考试标准教程——Word 2003 中文字处理 / 全国专业技术人员计算机应用能力考试命题研究组编著. —北京：清华大学出版社，2012.1

ISBN 978-7-302-27187-1

Ⅰ. ①全…　Ⅱ. ①全…　Ⅲ. ①汉字信息处理系统，Word 2003 – 资格考试 – 自学参考资料　Ⅳ. ①TP391.12

中国版本图书馆 CIP 数据核字（2011）第 219582 号

责任编辑：袁金敏　薛　阳
责任校对：徐俊伟
责任印制：何　芊

出版发行：清华大学出版社		地　　址：北京清华大学学研大厦 A 座	
http://www.tup.com.cn		邮　　编：100084	
社　总　机：010-62770175		邮　　购：010-62786544	
投稿与读者服务：010-62795954，jsjjc@tup.tsinghua.edu.cn			
质　量　反　馈：010-62772015，zhiliang@tup.tsinghua.edu.cn			

印　装　者：北京嘉实印刷有限公司
经　　销：全国新华书店
开　　本：185×260　印　张：16　字　数：400 千字
　　　　　附光盘 1 张
版　　次：2012 年 1 月第 1 版　　印　　次：2012 年 1 月第 1 次印刷
印　　数：1～4000
定　　价：39.50 元

产品编号：044587-01

前　言

"全国计算机应用能力考试"又称为"全国职称计算机考试"，是国家人力资源和社会保障部在全国范围内推行的一项全国性考试，并将考试成绩作为评聘专业技术职务的条件之一。

编者在多年的考试培训中发现，许多考生尽管对自己的计算机操作能力十分自信，但是却屡次参加考试，均没有通过。究其原因，主要是因为掌握的知识覆盖面太窄，缺少有针对性的、全面性的、实战性的练习。本丛书根据最新的《全国专业技术人员计算机应用能力考试大纲》而编写，知识覆盖面广，并特别设置了一个试题库，考生可以在其中模拟练习或者观看全真的答题过程，帮助考生快速掌握各方面知识和答题技巧，顺利通过职称计算机考试。

本丛书目前已推出 5 本图书，具体如下。

◆ 《全国专业技术人员计算机应用能力考试标准教程——Windows XP 操作系统》；

◆ 《全国专业技术人员计算机应用能力考试标准教程——Word 2003 中文字处理》；

◆ 《全国专业技术人员计算机应用能力考试标准教程——Excel 2003 中文电子表格》；

◆ 《全国专业技术人员计算机应用能力考试标准教程——PowerPoint 2003 中文演示文稿》；

◆ 《全国专业技术人员计算机应用能力考试专用教程——Internet 应用》。

本丛书主要特点如下。

（1）严格按照最新《全国专业技术人员计算机应用能力考试大纲》的要求组织内容，采取案例式的精简式操作演示，直观明了，结合考试环境，历年考题的特点、分布和解题的方法。

（2）每节均设置了"本节考点"，可以让考生对需要考试的知识点了如指掌，在最后的考试冲刺阶段，可以作为强化复习的依据。

（3）每章都设置了试题解析，是针对每章考点的试题库。考生经过练习，可以掌握所有考点。考题万变不离其宗，考生只要能够理解并达到熟练操作，即可顺利通过考试。

（4）在光盘中设置了全真的解题演示和自测练习，帮助考生强化练习，考生可以在其中进行模拟测试，当遇到难解之题，或者做错了考题的时候，可以查看对应的解题演示。

本书为《Word 2003 中文字处理》，具体内容包括大纲中要求的 9 大知识模块，具体如下。

第 1 章　Word 2003 的基础：包括熟悉界面、创建文档、保存文档、查看文档、管理文档、打印文档，以及使用帮助。

第 2 章　文本的处理：包括文本的输入、文档的编辑和文档的校对。

第 3 章　字符的格式化：包括设置字符格式、修饰字符和设置中文版本。

第 4 章　使用段落样式：包括使用样式、设置段落格式、设置项目符号和编号。

第 5 章　设置文档格式：包括切分文档、设置页面、设置页眉和页脚、设置文档背景。

第 6 章　表格的应用：包括创建表格、编辑表格和设置表格的格式。

第 7 章　图形对象的应用：包括"图形"、"图片"、"剪贴画"、"艺术字"、"文本框"、"图示"、"图表"和"公式"的应用方法。

第 8 章　长文档的处理：包括大纲的使用、将主文档拆分为子文档、文档中的引用。

第 9 章　批量文档的制作：包括制作信封、制作标签、使用邮件合并生成批量文件、使用窗体控制填写内容。

刘丽华任本书主编，并与邓志伟一起完成了全书的主审工作，编写和开发了解题演示和自测练习系统；杨桦编写第 1 章和第 2 章、刘小红编写第 3～9 章。在本书的编写过程中，刘文、彭胜伟、刘艳、彭颖莉、彭冠宇等也参与了各项工作，在此表示感谢。

编　者

2011 年 9 月

光盘操作说明

一、进入光盘的学习界面

光盘的学习界面为如下图所示，具体进入的方法如下：

- 将图书中的配套光盘放入光驱，可自动开启学习界面；
- 双击光盘中的"start.exe"文件，可开启学习界面。

二、光盘界面的操作说明

- **章按钮**：通过单击按钮的方式，可以选择需要学习的章，这里的章与图书教材中的章是一一对应的。
- **章标题**：显示了当前所选章的标题。
- **节标题**：通过单击方式，可以在当前所选的章中选择需要学习的节。
- **试题要求**：显示了当前试题的文字内容。
- **演示区**：在这里可以自测试题，或查看解题演示。
- **控制按钮**：各按钮的功能如下表所示。

按 钮 名 称	功　　能
上一题	单击该按钮，可跳转到上一题的学习。
下一题	单击该按钮，可跳转到下一题的学习。
考试简介	单击该按钮，可打开关于考试介绍的网页。
打开素材	单击该按钮，可打开存放图书中素材的窗口。
帮助	单击该按钮，可打开关于光盘操作说明的网页。
退出	单击该按钮，可退出光盘的学习。

- **模拟测试**：在进入学习界面时，默认为"模拟测试"模块，此时可以在"演示区"中，按照试题的要求进行自测，如果解题成功，将会出现"恭喜你成功了！"的提示，如下图所示。

  在该模块中，"模拟测试"按钮处于不可用状态，单击"解题演示"按钮，可以跳转到"解题演示"模块。

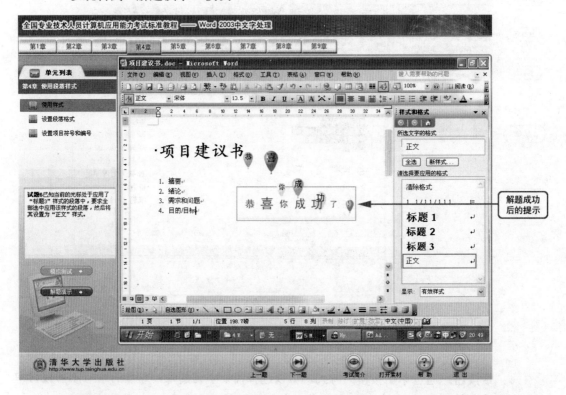

- **解题演示**：在"模拟测试"模块中单击"解题演示"按钮，可进入"解题演示"模块，此时在"演示区"中将演示当前试题的解题过程，如下图所示，在"演示区"的下方会出现一个控制条，单击其中的按钮或拖动进度滑块，可控制播放状态和进程。

  在该模块中，"解题演示"按钮处于不可用状态，单击"模拟测试"按钮，可以跳转到"模拟测试"模块。

全国计算机应用能力考试 简介

根据《关于全国专业技术人员计算机应用能力考试的通知》，国家人力资源和社会保障部在全国范围内推行专业技术人员计算机应用能力考试（又称为全国职称计算机考试），并将考试成绩作为评聘专业技术职务的条件之一。

一、考试科目和时间

全国计算机应用能力考试主要是测试参考人员在计算机与网络方面的基本应用能力，考试科目采取模块化设计，每一科目单独考试。

全国计算机应用能力考试不设定全国统一的考试时间，一般每年都有多次考试的机会，具体可咨询当地的人事部门，应试人员在某一考试中如果未能通过某一考试科目，可以多次重复报考该科目，多次参加考试，直到通过该科目。

应 用 类 别	科　　目	备　　注
操作系统	中文 Windows XP 操作系统	
办公应用	Word 2003 中文字处理	考生任选其一
	WPS Office 办公组合中文字处理	
	金山文字 2005	
	Excel 2003 中文电子表格	考生任选其一
	金山表格 2005	
	PowerPoint 2003 中文演示文稿	考生任选其一
	金山演示 2005	
网络应用	Internet 应用	考生任选其一
	FrontPage 2000 网页制作	
	Dreamweaver MX 2004 网页制作	
	FrontPage 2003 网页设计与制作	
数据库应用	Visual FoxPro 5.0 数据库管理系统	
	Access 2000 数据库管理系统	
图像制作	AutoCAD 2004 制图软件	
	Photoshop 6.0 图像处理	考生任选其一
	Photoshop CS4 图像处理	
	Flash MX 2004 动画制作	
	Authorware 7.0 多媒体制作	
其他	Project 2000 项目管理	
	用友财务（U8）软件	考生任选其一
	用友（T3）会计信息化软件	

二、考试形式

为了真正测试参考人员在计算机与网络方面的基本应用能力，全国计算机应用能力考试采用模拟的方式进行测试，所有测试内容全部采用上机操作的方式进行。每套试卷共有 40 题，考试时间为 50 分钟。

三、考试的合格标准

每个科目（模块）满分 100 分，60 分（含 60 分）以上为合格。要求评聘初、中级专业技术职务的人员需取得 3 个科目（模块）的合格证书；评聘高级专业技术职务的人员需取得 4 个科目（模块）的合格证书。

目　　录

第 1 章　Word 2003 的基础

考试基本要求

掌握的内容:

◆ Word 的启动和工作环境,包括启动
方式,窗口的组成部分,工具栏、
任务窗格、快捷键的使用;

◆ 创建空文档、使用模板或向导建立
文档;

◆ 将文档保存为不同的格式;

◆ 打开文档、文档视图的切换、设置
文档的显示比例、搜索文档、设置
文档保存位置;

◆ 给文档设置密码;

◆ 打印预览、选择打印范围、双面
打印;

◆ 在工作时获取帮助。

熟悉的内容:

◆ 文档属性的查看和设置;

◆ 文档安全性选项的使用;

◆ 保护文档的操作;

◆ 打印选项的使用。

了解的内容:

◆ 创建自己的模板;

◆ 保存选项的设置以及如何在保存时
压缩图片;

◆ 使用文档版本的方法;

◆ 缩放打印;

◆ 智能标记的使用;

◆ 设置帮助选项;

◆ 修复 Word 文档。

Word 2003 是 Office 2003 成员中的一款
文字处理软件。

本章讲述了 Word 2003 的基本操作,具
体内容包括熟悉和设置工作环境、创建文
档、保存文档、查看文档、管理文档、打印
文档,以及使用帮助等。

1.1　Word 2003 的工作环境

用户首先需要安装 Word 2003 应用程序，安装上后就可以使用快捷方式或通过"开始"菜单来将它启动，本节主要讲述如何启动 Word 2003 并熟悉 Word 2003 的工作环境，为后面的学习打下基础。

Word 2003 的工作界面如图 1-1 所示。

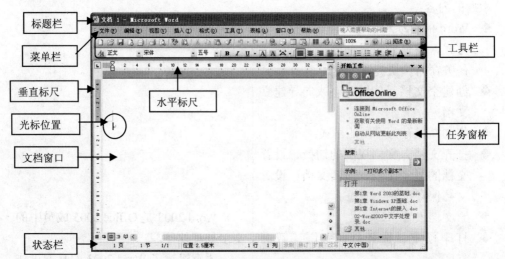

图 1-1　Word 2003 的工作界面

1.1.1　启动与退出

启动与退出是应用程序中最基本的操作，不管是什么应用程序，其操作方法几乎都是通用的。

1. 启动 Word

启动 Word 的常规方法有如下几种。

方法 1：从"开始"菜单启动。

选择"开始" | "所有程序" | Microsoft Office | Microsoft Office Word 2003 命令，如图 1-2 所示。

方法 2：使用快捷方式。

双击桌面上的 Word 快捷方式，或者单击任务栏中的"快速启动"中的 Word 图标，均可以启动 Word。

✍ 提示：用鼠标右击快捷方式（或启动应用程序的可执行文件），在弹出的快捷菜单中选择"创建快捷方式"命令（或者使用"发送到"子菜单中的命令）可创建出快捷方式，在默认安装的情况下，启动 Word 的可执行文件为"C:\Program Files\Microsoft Office\

OFFICE11\ WINWORD.EXE"。

　　方法 3：运用"运行"对话框。

　　选择"开始"|"运行"命令，打开"运行"对话框，在其中输入"winword"，如图1-3 所示，单击"确定"或按 Enter 键，可启动 Word 2003 并创建一个空白文档。

　　提示：在磁盘中双击 Word 文档文件（或选中后执行"打开"命令），可以启动 Word 并打开该文档，Word 文档的图标形状为。

　　图 1-2　选择 Microsoft Office Word 2003 命令　　　　图 1-3　输入"winword"

　　2．退出 Word

　　用完 Word 后，可以用如下方法退出。

　　方法 1：在标题栏上单击最右侧的"关闭"按钮。

　　方法 2：选择"文件"|"退出"命令。

　　方法 3：按快捷键 Alt+F4。

　　Word 2003 的操作界面由标题栏、菜单栏、工具栏、标尺、文档窗口、任务窗格、滚动条、状态栏等部分组成，如图 1-1 所示。

1.1.2　认识工作环境

　　Word 2003 的工作环境主要由标题栏、菜单栏、工具栏、文档窗口、任务窗格等组成。

　　提示：使用"视图"菜单中的命令可以打开标尺、网格线、工具栏、任务窗格等，还可以全屏幕显示文档。

　　具体说明如下。

　　◆　**标题栏**

　　在标题栏上，从左到右依次显示了 Word 图标、文档名称、程序名称（Microsoft Word）及"最小化"按钮、"最大化"按钮（或"向下还原"按钮）、"关闭"按钮。

　　提示：当窗口处于窗口化（未处于最大化）时，"最大化"按钮显示为"最大化"，当窗口处于最大化时，变成"向下还原"按钮；单击"Word 图标"，或者

用鼠标右击标题栏，会弹出图 1-4 所示的快捷菜单，用户可以选择"最小化"、"最大化"、"关闭"等操作。

◆ 菜单栏

菜单栏中显示了 9 个菜单，分别为"文件"、"编辑"、"视图"、"插入"、"格式"、"工具"、"表格"、"窗口"、"帮助"，单击菜单命令，可以打开相应的菜单，在其中可以选择各种命令。

✍提示：打开菜单，其中显示了用户经常使用的命令，把鼠标指针指向菜单下端的 ⩗ 上（或单击），如图 1-5 所示，可打开该菜单中的全部命令。

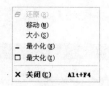

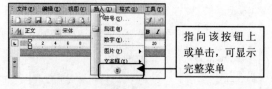

图 1-4　窗口控制菜单　　　　　图 1-5　菜单下端的图标

◆ 工具栏

其中放置了一些常用操作的快捷按钮，Word 提供了多种工具栏，默认打开的是"常用"和"格式"工具栏，关于对工具栏的操作可参见"1.1.3　定制工具栏"。

◆ 文档窗口

文档窗口用来编辑文档，其中"光标"处是输入文字和插入对象的当前位置，除了可以输入文字之外，可以插入的对象还包括图片、表格等。

◆ 标尺

标尺分为"垂直标尺"和"水平标尺"，使用"垂直标尺"可以改变"上边距"、"下边距"，将鼠标指向图 1-6 所示中指示的位置，拖动鼠标可以调整页面的"上边距"，将鼠标指向图 1-7 所示中指示的位置，拖动鼠标可以调整页面的"下边距"。

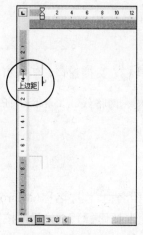

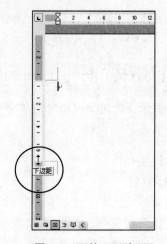

图 1-6　调整"上边距"　　　　　图 1-7　调整"下边距"

在水平标尺上有 4 个浮标，如图 1-8 所示，拖动它们可以设置缩进，有关缩进的知识将在第 4 章中介绍。

图 1-8　水平标尺

◆　**任务窗格**

使用任务窗格，用户可以快捷地执行一系列相关的操作，Word 提供了各种任务窗格，其操作方法可参见"1.1.4　任务窗格的操作"。

◆　**状态栏**

状态栏用来显示当前文档的当前工作状态，包括页面信息、行列信息等，用鼠标双击"改写"按钮改写，进入改写输入模式，此时按钮显示为黑色改写，再次双击，可以回到插入模式；双击"修订"按钮，可以在进入修订状态和退出之间切换；双击"录制"按钮，可打开"录制宏"对话框；双击"扩展"按钮，可进入或退出扩展模式，进入扩展模式时，在文档中单击，会选中光标位置与单击处之间的内容。

✍ 提示：在默认情况下，Word 文档处于插入模式。进入改写模式后，输入的文字会覆盖光标右边的文字。

1.1.3　定制工具栏

在 Word 中提供了多种工具栏，用户可以在文档中打开指定的工具栏，设置工具栏的位置，在工具栏上进行添加和删除按钮等操作。

1．打开工具栏

在默认情况下"常用"和"格式"工具栏是打开的，打开和关闭工具栏的方法如下。

方法 1：打开"视图"|"工具栏"子菜单，选择其中的命令，选中命令表示显示该工具栏，取消选中命令表示关闭该工具栏，如图 1-9 所示。

方法 2：在工具栏上单击鼠标右键，在弹出的快捷菜单中选择，如图 1-10 所示。

2．移动工具栏

工具栏有两种显示方式，即贴附于窗口、浮动状态。

默认情况下，"常用"和"格式"工具栏处于"贴附于窗口"状态，拖动工具栏左侧的控制柄到"文档窗口"，可使工具栏变成浮动状态，图 1-11 所示为浮动状态的"常用"工具栏。

拖动控制柄，或者拖动浮动状态的标题栏到"文档窗口"的边缘，可以将该工具栏贴附于窗口。

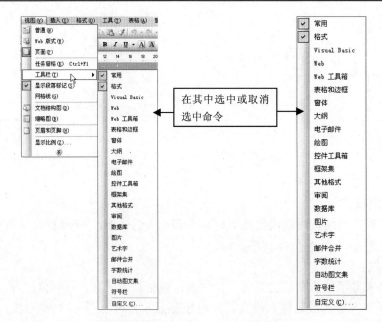

图 1-9 "工具栏"子菜单　　　　　　　　　　　　　图 1-10 右键菜单

图 1-11 浮动状态的"常用"工具栏

✍提示：用鼠标双击工具栏上的标题栏，可快速将浮动状态工具栏贴附于窗口；当工具栏处于贴附于窗口时，单击工具栏右端的 . 按钮，可以在其中通过选中和取消选中命令，在工具栏上增加和删除按钮。

3. 新建工具栏

用户可以创建自己的工具栏，然后在其中添加各种命令按钮，操作如下。

步骤 1 选择"视图"|"工具栏"|"自定义"命令，弹出"自定义"对话框。

步骤 2 在对话框中选择"工具栏"选项卡，如图 1-12 所示，单击 新建(N)... 按钮，弹出"新建工具栏"对话框，在其中输入工具栏名称，如图 1-13 所示，单击"确定"按钮，可创建一个新的工具栏。

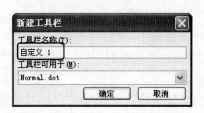

图 1-12 "自定义"对话框　　　　　　　　图 1-13 "新建工具栏"对话框

✍提示：当要删除工具栏时，可以在"工具栏"列表框中选中该工具栏，然后单击 [删除(D)] 按钮，单击 [重命名(E)...] 按钮可以修改所选工具栏的名称。

步骤 3　将工具栏显示在文档中，打开"自定义"对话框，选择"命令"选项卡，如图 1-14 所示，在左侧的"类别"列表框中选择需要添加命令的类别，在右侧的"命令"列表框中选择需要添加的命令，拖动命令到工具栏上，释放鼠标即可，如要把"插入表格"添加到工具栏中，只需要在"类别"列表框中选择"表格"，然后拖动"命令"列表框中的"插入表格"命令到工具栏上。

图 1-14　工具栏上添加的"插入表格"按钮

步骤 4　当要从工具栏上删除按钮时，可以将按钮拖动到工具栏外，释放鼠标。

✍提示：单击"自定义"对话框中的 [重新设置(R)...] 按钮，可以将工具栏恢复到默认的设置。

1.1.4　任务窗格的操作

任务窗格会随着操作的不同而发生变化，常用的有"开始工作"、"新建文档"、"样式和格式"、"显示格式"、"剪贴板"、"信息检索"、"邮件合并"等。

1．打开与关闭

打开任务窗格的方法有多种，在执行某些命令时，Word 会自动打开相应的任务窗格，例如选择"文件"|"新建"命令可打开"新建文档"任务窗格，如图 1-15 所示，除此之外，Word 还提供了专门打开任务窗格的命令，方法如下。

在菜单栏中选择"视图"|"任务窗格"命令，选中该命令表示打开任务窗格，取消选中为关闭任务窗格，如图 1-16 所示。

✍提示：按快捷键 Ctrl+F1，可以快速地打开或关闭任务窗格，打开任务窗格后，单击其右上角的"关闭"按钮 ×，也可以将它关闭。

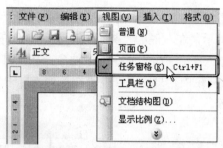

图 1-15　"新建"命令　　　　　　　图 1-16　打开和关闭任务窗格

2．切换任务窗格

除了可以执行命令打开相应的任务窗格后，用户也可以在任务窗格中进行切换，操作如下。

步骤 1　在任务窗格单击标题栏，如当前打开的是"新建文档"任务窗格，那么单击其标题栏 新建文档，如图 1-17 所示。

步骤 2　在弹出的下拉列表中可选择需要切换的任务窗格名称，如选择"样式和格式"命令，那么就可打开"样式和格式"任务窗格，如图 1-18 所示。

步骤 3　在任务窗格的标题栏下有 3 个按钮，单击"返回"按钮，可以向后返回到到刚访问过的任务窗格；当单击"返回"按钮后，"向前"按钮才变为有效，单击它，可以向前返回到刚访问过的任务窗格；单击"开始"按钮，可以切换到"开始工作"任务窗格，如图 1-19 所示。

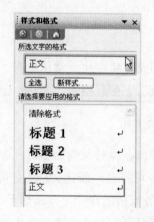

图 1-17　切换的菜单　　　图 1-18　"样式与格式"任务窗格　　图 1-19　"开始工作"任务窗格

提示：用户通过设置，可以在启动 Word 时不显示任务窗格，选择"工具"|"选项"命令，打开"选项"对话框，选择"视图"选项卡，取消选中"启动任务窗格"复选项。

1.1.5　使用快捷键

使用快捷键来替代执行菜单命令，可以提高工作的效率，打开菜单时，有的命令名称的右边会显示执行该命令的快捷键，如打开"文件"菜单，在"打开"命令的右侧显示了"Ctrl+O"，这就是执行"打开"命令的快捷键，含义是按下 Ctrl 键的同时再按字母 O 键。

1. 自定义快捷键

用户可以为常用的命令设置自己的快捷键，操作如下。

步骤 1　选择"工具"|"自定义"命令，打开"自定义"对话框，在对话框中单击 键盘(K)... 按钮，如图 1-20 所示。

✍**提示**：在"自定义"对话框中，选择每个选项卡，在其中都会出现"键盘"按钮，单击后会弹出"自定义键盘"对话框，效果是一样的。

步骤 2　弹出"自定义键盘"对话框，如图 1-21 所示，在"类别"列表框中选择命令的类型；在"命令"列表框中选择命令；在"当前快捷键"列表框中显示了所选命令默认的快捷键，如果没有显示则表示没有快捷键；将光标定位到"请按新快捷键"文本框中，按下需要的快捷键，单击 指定(A) 按钮，即可完成快捷键的设置。

图 1-20　单击"键盘"按钮

图 1-21　指定快捷键

步骤 3　最后单击"关闭"按钮。

✍**提示**：在"将更改保存在"中可以选择应用的模板和文件，"Normal.dot"为 Word 的默认模板；如果要删除快捷键，可以在"当前快捷键"列表框中选择快捷键，然后单击 删除(R) 按钮；单击 全部重设(S) 按钮可以将所有快捷键设置恢复为默认状态。

2. 常用的快捷键

Word 2003 的基本操作快捷键见表 1-1。

表 1-1　基本操作的快捷键

快捷键	功能
Ctrl+O	打开文档
Ctrl+N	新建文档
Ctrl+S	保存文档
Alt+F4	关闭 Word
Ctrl+Z	撤销操作
Ctrl+Y	重复操作
Ctrl+C	复制
Ctrl+X	剪切
Ctrl+V	粘贴
Ctrl+B	使所选文字变成粗体
Ctrl+I	使所选文字变成斜体
Ctrl+U	使所选文字带下划线
Ctrl+D	打开"字体"对话框
Ctrl+F	查找
Ctrl+H	替换
Ctrl+P	打印
Shift+Enter	在当前光标处换行
F1	打开帮助

1.1.6　本节考点

本节内容的考点如下。

◆ 启动与退出：考题包括用"运行"对话框启动、使用"开始"菜单启动、快捷方式的创建、使用快捷图标启动等。

◆ 工作环境：考题包括使用"视图"菜单打开标尺和网格线、全屏显示文档、打开和关闭各种工具栏、调整工具栏的位置、新建工具栏、在工具栏上添加和删除按钮、打开任务窗格的方法、在不同的任务窗格之间切换、常用快捷键的使用和定义等。

1.2　新建、打开和保存

对于要求全新制作的文档，用户首先需要在 Word 中新建一个文档，然后在其中进行制作；对于已经有的文档，用户则需要先将它用 Word 打开，然后再在其中编辑；新建了文档或对文件进行编辑后，需要将文档保存起来。

1.2.1　创建文档

创建文档的方法有多种，用户可以根据需求来进行选择，具体如下。

1．创建空文档

方法 1：选择"文件"|"新建"命令，弹出"新建文档"任务窗格，单击"空白文档"链接。

方法 2：在"常用"工具栏上单击"新建空白文档"按钮□。

📝**提示：**在启动 Word 程序时，会默认创建一个空白文档；另外每按一次快捷键 Ctrl+N，就可以快捷地创建一个新的空白文档。

2．使用任务窗格新建

利用"新建文档"任务窗格，用户可以创建出各种类型的文档效果，如图 1-22 所示。

在"新建"选项组中，共有如下创建新文档的方式。

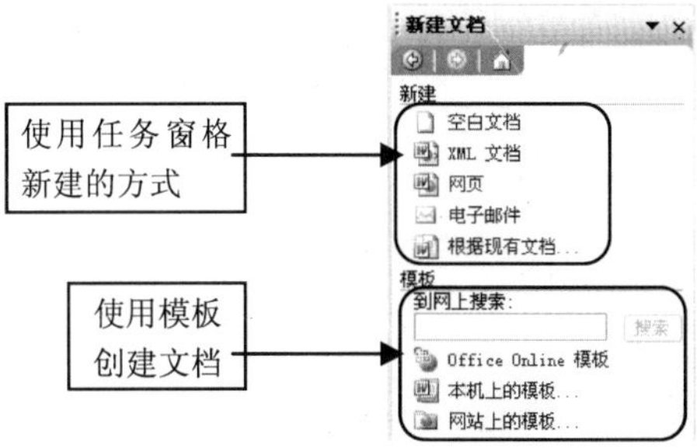

- ◆ "空白文档"：单击该链接，可以创建一个空白文档。
- ◆ "XML 文档"：单击该链接，可以创建一个 XML 结构的文件。
- ◆ "网页"：单击该链接，可以创建一个网页文档。

图 1-22 "新建文档"任务窗格

- ◆ "电子邮件"：单击该链接，将会打开邮件编辑窗口，如图 1-23 所示，在其中可以发送电子邮件，邮件的内容可以用 Word 进行编辑，单击□发送⑤按钮可将邮件发给指定的"收件人"和"抄送"。
- ◆ "根据现有文档"：单击该链接，将会弹出"根据现有文档新建"对话框，如图 1-24 所示，在其中可以选择一个文档文件，单击"创建"按钮，可以创建出以所选文档为基础的文件。

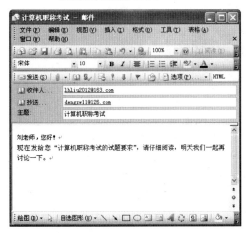

图 1-23 发送邮件

图 1-24 根据现有文档创建文件

3．使用模板新建

利用模板功能，用户可以快速地创建出各种特殊的文档效果，如传真、简历、论文、信函等。

使用模板创建的方法有两种：使用本机上的模板、使用网上的模板。

（1）使用本机上的模板

步骤 1   打开"新建文档"任务窗格，在"模板"选项组中单击"本机上的模板"链接。

步骤 2   弹出"模板"对话框，在其中有多个选项卡，每个选项卡表示了一种文件的类型。

步骤 3   例如要新建一个商务传真，可以选择"信函和传真"选项卡，如图 1-25 所示，在其中选择"商务传真"，单击"确定"按钮，效果如图 1-26 所示；例如要创建一个英文现代型简历，可以选择"其他英文模板"选项卡，在其中选择"英文现代型简历"后确定即可。

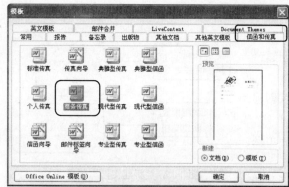

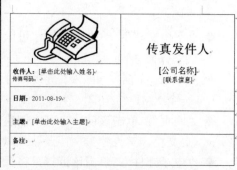

图 1-25   选择"商务传真"　　　　　　　　图 1-26   商务传真的效果

步骤 4   有的模板是需要通过向导来完成新建的，例如要创建一个会议议程，可以选择"其他文档"选项卡，选中"会议议程向导"，单击"确定"按钮，此时会弹出向导，根据提示逐步选择并填写即可，如图 1-27 所示。

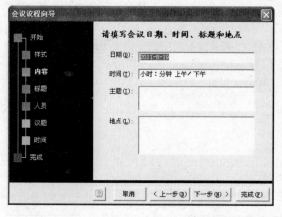

图 1-27   按照向导创建文件

提示：使用向导来创建新文件的模板，其名称中会带"向导"两字，操作时主要是填写一些文档的信息及类型，然后单击"下一步"按钮逐步设置，最后单击"完成"按钮，创建成功。

（2）获取网上的模板

用户还可以使用在网上下载模板来创建新文档，具体方法是在"新建文档"任务窗格中，单击"模板"选项组中的"Office Online 模板"链接，在弹出的网页进行下载，如图1-28 所示。

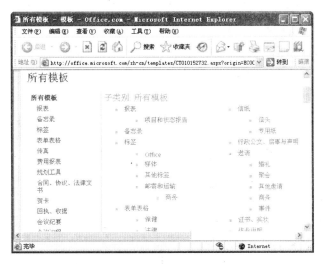

图 1-28　获取网上的模板

提示：选择"帮助"| Microsoft Office Online 命令，或者在图 1-28 所示的"模板"对话框中单击　Office Online 模板(O)　按钮，也可以打开下载模板的网页。

1.2.2　打开和关闭文档

与创建文档一样，打开文档的方法也有多种，用户可以根据需求或便捷性来进行选择，如可以用只读的方式打开文档、使用"开始"菜单打开文档等。

1．打开文档的常规方法

方法 1：在存放文档的目录中，用鼠标双击 Word 文档文件（也可以选中文件后，选择"文件"|"打开"命令，或右击文件，选择"打开"命令）。

方法 2：在 Word 窗口中选择"文件"|"打开"菜单命令（快捷键为 Ctrl + O）。

方法 3：在 Word 窗口中单击"常用"工具栏中的"打开"按钮 。

使用方法 2 和方法 3 都将会弹出"打开"对话框，选择需要打开的文件后，单击"打开"按钮，即可将所选文件打开。

提示：在"打开"对话框中，双击文件，就可以打开该文档；用户也可以选择多个文件，然后将它们同时打开，按住 Ctrl 键的同时单击文件，可以选择多个不连续的文件，按住 Shift 键的同时单击文件，可以选择多个连续的文件。

2．选择打开方式

在"打开"对话框中选中需要打开的文件后，单击　打开(O)　·按钮右侧的下拉箭头 ，在弹出的下拉列表中可以选择文档的打开方式，如图 1-29 所示。

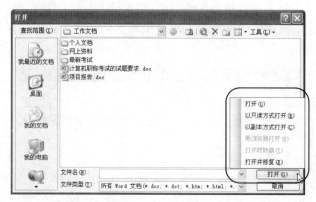

图 1-29　选择打开方式

◆ "以只读方式打开"：用"只读"的方式打开文档，即打开文档后，用户无法对该文档进行修改（修改后无法保存当前文档，而是需要另存为）。

◆ "以副本方式打开"：为原文档创建一个副本文档，然后打开该副本文档，当对文档进行编辑时，将不会影响到原文档。

◆ "打开并修复"：对于有一定损坏的文档文件，可以使用该命令尝试修复并进行打开。

3. 打开和设置最近的文档

对于最近使用过的文档，在默认情况下，Windows 系统和 Word 都会有一定的记录，用户可以使用下面的方法来查看并将其快速打开。

方法 1：打开"开始"菜单，选择"我最近的文档"项，在弹出的子菜单中可以选择最近使用过的文档，如图 1-30 所示。

方法 2：在 Word 窗口中打开"文件"菜单，在菜单中可以选择最近使用过的文档进行打开，如图 1-31 所示。

图 1-30　选择"我最近的文档"

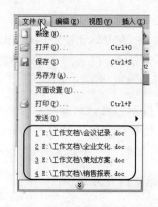

图 1-31　"文件"菜单中的最近文档

方法 3：打开"开始工作"任务窗格，在其中显示了最近使用过的文档，单击可以打开，如图 1-32 所示。

用户可以在 Word 中设置最近文档的显示数目，选择"工具"|"选项"命令，打开"选项"对话框，选择"常规"选项卡，取消选中"列出最近所用文件"复选框，可以不显示最近使用的文档；选中该复选框，在它的右侧可以输入显示最近所用文件的数目，如图 1-33 所示，若取消选中该复选框，可以关闭该功能。

图 1-32　使用任务窗格

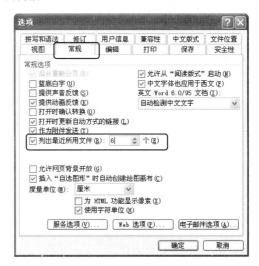

图 1-33　设置最近所用文件的显示

4．关闭文档

关闭文档与退出 Word 是不一样的操作，关闭文档是将打开的某个文档关闭，而不是退出 Word 程序，退出 Word 是指关闭当前所有文档并退出程序，关闭文档的方法如下。

方法 1：选择"文件"|"关闭"命令，可把当前的文档关闭。

✍ 提示：选择"文件"|"退出"命令，或者按快捷键 Alt+F4，可以关闭当前打开的所有文档并退出 Word 程序。

方法 2：在文档窗口的右上角，单击"关闭窗口"按钮⊠。
方法 3：按快捷键 Ctrl+W 或 Ctrl+F4。

1.2.3　文档的保存

创建并编辑了文档后，用户可以将它保存为所需的格式，在默认情况下，执行保存操作后，会将文档保存为扩展名为".doc"的文件，具体方法如下。

1．常规的保存方法

方法 1：在 Word 窗口中选择"文件"|"保存"命令（快捷键为 Ctrl+S）。
方法 2：在"常用"工具栏上单击"保存"按钮🖫。
方法 3：选择"文件"|"另存为"命令，可以将文档保存为另一个副本文件。

第一次保存文件，或执行"另存为"命令后会弹出"另存为"对话框，如图 1-34 所示，在该对话框中进行操作。

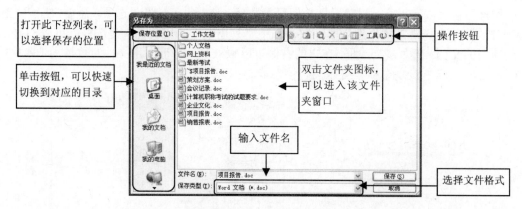

打开此下拉列表，可以选择保存的位置

单击按钮，可以快速切换到对应的目录

操作按钮

双击文件夹图标，可以进入该文件夹窗口

输入文件名

选择文件格式

图 1-34　"另存为"对话框

提示：当第一次对文档进行保存时，会弹出"另存为"对话框，以后再执行"保存"命令，可以直接将修改数据保存到该文件中，因此不会再弹出"另存为"对话框，如果此时要将文档保存为其他副本或其他格式，那么可以选择"另存为"命令。

输入文件名称，选择好保存的位置和格式后，单击"保存"按钮，即可完成保存操作。

2．文档的格式

在"另存为"对话框中，打开"保存类型"下拉列表，在其中可以选择如下格式。

◆　XML 文档：保存为扩展名为".xml"的网页文件，XML 是一种可扩展标记语言。

◆　单个文件网页：保存为扩展名为".mht"的网页文件，这种文件包含了文字和图片。

◆　网页：保存为扩展名为".htm"或".html"的网页文件，保存后，文档中的图片将会被存放的新建的文件夹中。

◆　筛选过的网页：与"网页"格式相比，它可以去掉 Microsoft Office 标记，减小文件大小，便于传送和在 IE 浏览器中浏览。

◆　文档模板：选择该项，可以将当前文档保存为模板，详见"3．创建自己的模板"。

◆　RTF 格式：保存为"写字板"格式的文件，可在"写字板"程序中打开。

◆　纯文本：保存为扩展名为".txt"的文件，这种文件是"记事本"格式的文件，是纯文本文件。

◆　Word 97-2003 文档：保存为与 Word 早期版本相兼容的格式。

3．创建自己的模板

用户可以将经常需要使用的文档保存为自己的模板，当需要使用的时候，可以直接从该模板来创建。

操作如下。

步骤 1　在 Word 中打开需要保存为模板的文档，选择"文件"|"另存为"命令，弹出"另存为"对话框。

步骤 2　在"保存类型"下拉列表中选择"文档模板（*.dot)"，如图 1-35 所示，输入文件名后单击"保存"按钮。

图 1-35　将文档保存为模板

✎**提示**：模板文件的扩展名为 ".dot"，默认保存的位置在 Templates 目录中，用户也可以将它保存到其他位置。

4．保存文档的版本

为了记录该文档的修改过程，用户可以保存文档的版本，操作如下。

步骤 1　选择"文件"｜"版本"命令，或者在"另存为"对话框中，单击右上角按钮组中的"工具"按钮，然后选择"保存版本"命令。

步骤 2　弹出"版本"对话框，单击 现在保存(S) 按钮，弹出"保存版本"对话框，在其中可以输入版本备注，完成后单击"确定"按钮。

5．压缩图片

在保存文档过程中，用户可以对其中的图片作压缩处理，操作如下。

步骤 1　打开"另存为"对话框，单击右上角的 工具(L)· 按钮，在弹出的列表中选择"压缩图片"命令，如图 1-36 所示。

步骤 2　弹出"压缩图片"对话框，如图 1-37 所示，选中"压缩图片"复选框，单击"确定"按钮。

✎**提示**：在"应用于"选项组中可以选择压缩范围的选项，选中"文档中的所有图片"单选按钮，表示对文档中所有图片进行压缩；在"更改分辨率"选项组中，可以选择图片的质量选项；选中"删除图片的剪裁区域"复选框，如果对图片进行了剪裁操作，那么将删除剪裁区域。

步骤 3　此时弹出一个提示框，单击"应用"按钮，压缩完图片后回到"另存为"对话框，将文档保存起来。

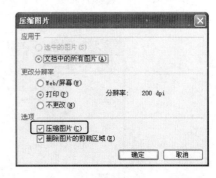

图 1-36　选择"压缩图片"　　　　　　　　图 1-37　选中"压缩图片"复选框

6. 保存选项

在"选项"对话框中，用户可以对保存的一些参数进行设置，具体如下。

选择"工具"|"选项"命令，打开"选项"对话框，选择"保存"选项卡，如图 1-38 所示。

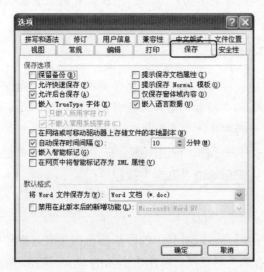

图 1-38　选择"保存"选项卡

在对话框中选中需要的选项即可，例如要设置当保存本文档时，提示保存文档属性，那么可以选中"提示保存文档属性"复选框；例如要启动自动保存，那么选中"自动保存时间间隔"复选框，再在其右侧的文本框中输入自动保存的间隔时间。

1.2.4　本节考点

本节内容的考点如下。

◆ 创建文档：考题包括新建一个空白文档、新建一个网页文档、根据已有的文件新建文档、利用模板创建文档（包括利用向导）等。

◆ 打开和关闭文档：考题包括打开文档的各种方法、用只读的方式打开文档、用副
本的方式打开文档、用修复的方式打开文档、打开最近使用过的文档、关闭单个
文档和多个文档等。

◆ 文档的保存：考题包括保存文档、另存为文档、将文档保存成各种格式、将文档
保存为模板、在保存过程中设置图片的压缩处理、"选项"对话框中的"保存"选
项卡设置等。

1.3　查看与管理文档

查看与管理文档包括文档的视图比例设置、文档的几种视图切换、窗口的新建、窗口
的比较和拆分等；文档的管理包括查找需要的文档、文档的属性设置等。

1.3.1　调整视图比例

在默认情况下，文档以 100%的比例显示，用户可以根据需要对其进行缩放，常用的
方法如下。

方法 1：使用"常用"工具栏。

在"常用"工具栏中打开"显示比例" 100% 下拉列表，如图 1-39 所示，用户除了可
在其中选择比例数值之外，还可以选择"整页"、"双页"等显示方式。

方法 2：使用对话框。

在 Word 窗口中选择"视图"|"显示比例"命令，弹出"显示比例"对话框，如图 1-40
所示，在其中选择相应的单选按钮，或者在"百分比"文本框中输入具体的数值，单击"确
定"按钮。

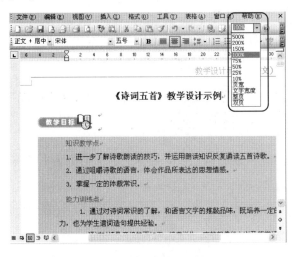

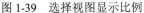

图 1-39　选择视图显示比例　　　　　　　　图 1-40　"显示比例"对话框

✍ **提示：** 按住 Ctrl 键的同时，滚动鼠标的滚轮，可以快捷地缩放视图。

1.3.2　切换视图

在默认情况下，文档采用的是"页面视图"，用户可以根据需要选择不同的视图方式进行查看和编辑。

1. 基本视图

Word 2003 的基本视图有 5 种，分别为"普通"、"Web 版式"、"页面"、"阅读版式"和"大纲"视图。

切换到各种视图的方法如下。

方法 1：打开"视图"菜单，在其中选择相应的命令。

方法 2：在文档窗口的左下角有一组按钮，单击其中的按钮可以切换，5 个按钮从左到右分别是"普通视图"、"Web 版式视图"、"页面视图"、"大纲视图"和"阅读版式"，图 1-41 所示为普通视图，图 1-42 所示为大纲视图。

图 1-41　普通视图

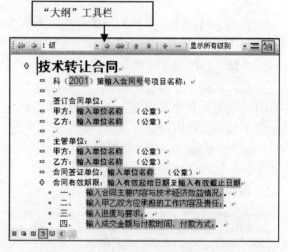

图 1-42　大纲视图

- 普通视图：适合用于编辑纯文本文档。会隐藏文本框、页眉和页脚、绘图画布等对象，当段落中有隐藏对象的时候，会在段落左边添加小黑点作为标记。
- Web 版式视图：将文档显示为网页形式。
- 页面视图：为默认的文档视图，与打印外观相接近，其中显示了文档的各种对象，以及页眉、页脚和页面边距等。

📝**提示：**将鼠标指针指向在页与页之间交界处，指针变为形状，单击鼠标可隐藏或显示页与页之间的空白缝隙。

- 大纲视图：大纲视图适用于长文档的编辑，在其中可以通过折叠和展开查看文档的结构，可以通过拖动标题来移动、复制和重新组织文本，具体应用方法可参见第 8 章内容。

◆ 阅读版式：以逐页的方式显示文档的内容，便于文档的阅读。

2．文档结构图

选择"视图"|"文档结构图"命令，可以打开或关闭该视图，效果如图 1-43 所示。

在该视图模式下，文档的左侧会显示一个窗格，其中显示了文档的目录结构，单击标题可快速定位到该标题的内容。

✍提示：当文档中出现多级别的标题时，在文档结构图单击标题左侧的田图标，可以将该标题展开，以显示下级标题，单击日图标，则可以折叠。

3．缩略图视图

选择"视图"|"缩略图"命令，可以打开或关闭该视图，效果如图 1-44 所示。

切换到该视图模式后，将在文档的左侧出现一个窗格，其中显示了每一页的缩略图，单击缩略图可在右侧浏览文档。

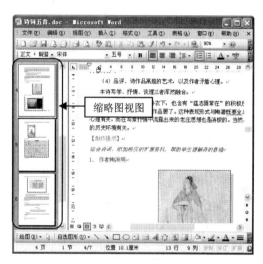

图 1-43　文档结构图　　　　　　　　　图 1-44　缩略图视图

1.3.3　新建窗口

新建窗口适用于查看同一个文档中的不同位置处的内容。例如在同一个文档中，需要同时查看的两处内容不能同时显示在屏幕上，那么可以使用此功能，操作如下。

步骤 1　打开文档后，选择"窗口"|"新建窗口"命令，可创建出一个内容完全相同的文档窗口。

✍提示：新建窗口后，请注意标题栏，在原文档窗口的标题栏上，其文档名称后会带上数字"1"，而新建的窗口在其名称后带上了数字"2"。

步骤 2　选择"窗口"|"全部重排"命令，可将两个窗口并排放置，分别滚动窗口中的滚动条，即可查看同一文档中的不同位置的内容，如图 1-45 所示。

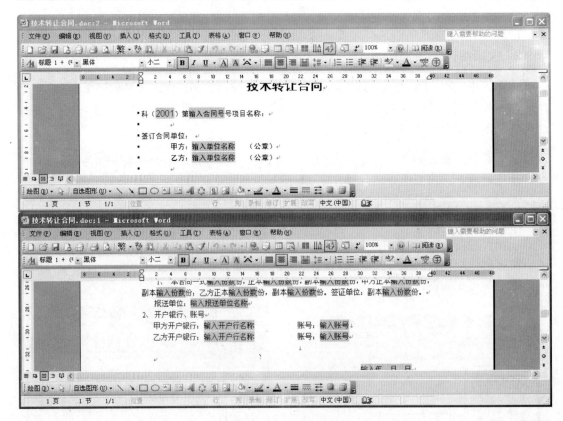

图 1-45　新建窗口后重排

1.3.4　比较和拆分

比较和拆分均是用来查看和比较文档的功能，使用"并排比较"命令可以在两个文档之间进行比较，而使用"拆分"命令则可以比较同一文档中不同位置处的内容。

1. 并排比较

步骤 1　同时打开需要比较的两个文档，选择"窗口"|"并排比较"命令，弹出图 1-46 所示的对话框，在其中选择需要与当前文档进行比较的文档，单击"确定"按钮，并排比较效果如图 1-47 所示。

步骤 2　在"并排比较"工具栏上按下"同步滚动"按钮，表示拖动其中一个窗口中的滚动条时，另一个窗口中的滚动条也将同步滚动；单击"重置窗口位置"按钮，可以重新调整两个窗口的位置。

步骤 3　在"并排比较"工具栏上单击 关闭并排比较(B) 按钮，可关闭并排比较。

图 1-46　"并排比较"对话框

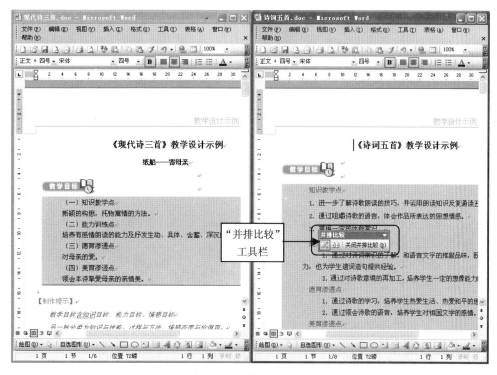

图 1-47　并排比较的效果

✍提示：当在桌面上打开的只有两个需要比较的文档时，并不会弹出图 1-46 所示的对话框，窗口中的菜单命令显示为"与（另一个文档的名称）并排比较"的形式。

2．拆分文档

拆分窗口的方法有两种，具体如下。

方法 1：使用菜单命令。

步骤 1　选择"窗口"|"拆分"命令。

步骤 2　把鼠标指针移动到文档中，单击鼠标即可拆分窗口，如图 1-48（a）所示。

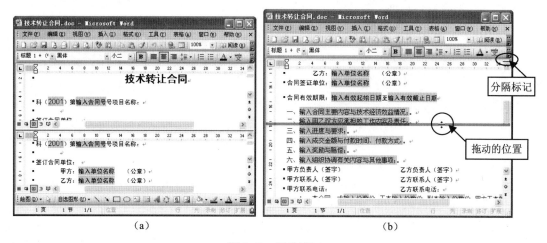

图 1-48　拆分窗口

方法 2：使用分隔标记。

把鼠标指针指向图 1-48（b）所示中指示的标记，将它拖动到文档中后释放鼠标，即可拆分文档。

✍提示：把鼠标指针指向分隔标记，然后双击它，也可以将窗口拆分；当要取消窗口的拆分时，可以进行如下操作，将分隔线拖至 Word 窗口之外，或者用鼠标双击分隔线，或者选择"窗口"|"取消拆分"命令。

1.3.5　选择浏览对象

在垂直滚动条的下方，有一组按钮，在默认情况下，单击⬆按钮，可以翻阅到前一页，单击⬇按钮，可以翻阅到下一页。

单击◉按钮，可以选择浏览对象，如图 1-49 所示，如要按图形浏览，可以选择"按图形浏览"🖼，设置完后单击⬆按钮，可以浏览文档中的上一张图片，单击⬇按钮，可以浏览文档中的下一张图片。

1.3.6　使用智能标记

当输入一些特殊文本时，如日期、名称等，输入的文本下方会出现紫色的点状线虚线，把鼠标移动到该文字上，会出现"智能标记"按钮，单击该按钮后会弹出一个下拉菜单，如图 1-50 所示，在菜单中可以选择各种命令。选择"删除此智能标记"命令，可以取消该智能标记。

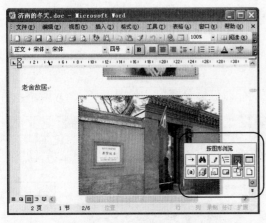

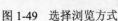

图 1-49　选择浏览方式

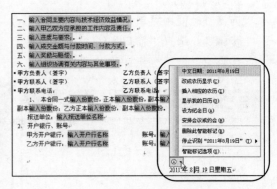

图 1-50　智能标记

用户还可以对该智能标记进行设置，具体如下。

步骤 1　选择"工具"|"选项"命令，打开"选项"对话框，选择"视图"选项卡。

步骤 2　在"显示"选项组中可以选中或取消选中"智能标记"复选框，选中表示显示智能标记，取消选中则表示隐藏智能标记，如图 1-51 所示。

步骤 3　在图 1-50 所示的菜单中选择"智能标记选项"命令，可打开"自动更正"对话框，如图 1-52 所示，在其中可以根据需要可以打开或关闭某些智能标记。

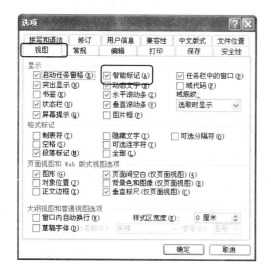 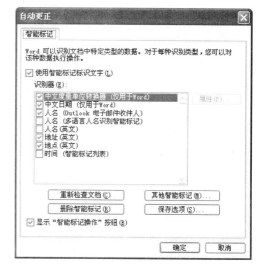

图 1-51 "智能标记"复选框　　　　　　　图 1-52 "自动更正"对话框

　　✍提示：也可以选择"工具"|"自动更正选项"命令，在弹出的"自动更正"对话框中选择"智能标记"选项卡，在其中选中或取消选中"智能标记"复选框，单击其中的"检查文档"按钮，可以检查文档中符合要求的文本。

1.3.7　文件的搜索

　　在 Word 中，当找不到需要的文档时，可以使用"文件搜索"命令来进行查找。

1．基本文件搜索

　　步骤 1　在 Word 窗口中，选择"文件"|"文件搜索"命令，弹出"基本文件搜索"任务窗格。

　　步骤 2　在"搜索文本"文本框中，可以输入需要搜索文档的关键字，如要搜索包含"销售"的文档，那么可以输入文字"销售"。

　　步骤 3　在"搜索范围"中可以选择搜索的位置，如要搜索本地磁盘 C，那么打开下拉列表后，选中"本地磁盘（C:）"，如图 1-53 所示。

　　✍提示：在默认情况下，"搜索范围"选中的是"我的电脑"，在操作时，可以先取消选中"我的电脑"，然后选中其他搜索的项。

　　步骤 4　在"搜索文件类型"中可以选择搜索的文件类型，默认选择的是"Office 文档"，当只想搜索 Word 文件时，可以取消对"Office 文档"的选择，然后选中"Word 文件"项，如图 1-54 所示。

　　步骤 5　设置完后单击"搜索"按钮，搜索完后，会显示结果，如图 1-55 所示，单击该文件可以将其打开。

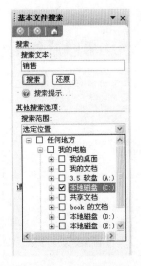

图 1-53　关键字和搜索范围　　　　　图 1-54　搜索文件类型　　　　　图 1-55　搜索结果

2．高级搜索

为了使搜索更加准确，用户还可以使用高级搜索，操作如下。

步骤 1　打开"基本文件搜索"任务窗格，单击任务窗格中的"高级文件搜索"链接，弹出"高级文件搜索"任务窗格。

步骤 2　在"属性"中可选择要搜索文件的属性，如"标题"、"创建时间"、"作者"等，如选择"作者"，在"条件"中可以选择相应的条件，如"是（精确地）"、"包含"、"大于"、"小于"等，在"值"文本框中输入条件的值，如图 1-56 所示。

步骤 3　单击"添加"按钮，可将搜索条件添加到列表框中，如图 1-57 所示。

步骤 4　继续添加搜索条件，选择与上一条件之间的关系，选中"与"单选按钮表示搜索的条件都应满足，选中"或"单选按钮表示只需满足其中一个条件即可，如图 1-58 所示。

图 1-56　设置搜索条件　　　　　图 1-57　添加条件　　　　　图 1-58　继续添加条件

步骤 5　"搜索范围"和"搜索文件类型"设置方法与"基本文件搜索"是一样的，单击"搜索"按钮即可找到满足条件的结果。

✍**提示：**在搜索结果中，用鼠标右击文件名，或者单击文件名右侧的下拉箭头，在弹出的菜单中选择"根据此文件创建"命令，可以以该文件为基础创建新文档。

1.3.8　设置保存位置

当保存文件时，会弹出"另存为"对话框，对话框中的当前目录常常并不是用户需要保存的目录，为此，用户往往需要进行烦琐的切换目录操作。

遇到这种情况时，用户可以设置默认的保存目录，操作如下。

步骤 1　选择"工具"|"选项"命令，打开"选项"对话框，选择"文件位置"选项卡。

步骤 2　在"文件类型"列表框中选择需要修改的项，如要修改文档保存的目录，则选择"文档"项（第一项），如图 1-59 所示，单击"修改"按钮，弹出"修改位置"对话框，在其中选中需要保存的位置即可。

图 1-59　修改文档保存的目录

1.3.9　设置文档的属性

文档的属性包括标题、主题、作者、类别、关键字、备注等，利用这些属性不但能表述文件的来源和各种信息，还能便于文档的搜索。

设置文档属性的操作如下。

步骤 1　在打开的文档窗口中，选择"文件"|"属性"命令，可打开该文档的属性对话框。

✍**提示：**打开文档保存的文件夹窗口，用鼠标右击文档，在弹出的快捷菜单中选择"属性"命令，也可打开该文档的属性对话框。

步骤 2　选择"常规"选项卡，在其中查看文档的类型、位置、大小、创建时间、修改时间等属性，如图 1-60 所示。

步骤 3　选择"摘要"选项卡，在文本框中可输入文档的各种信息，如图 1-61 所示。

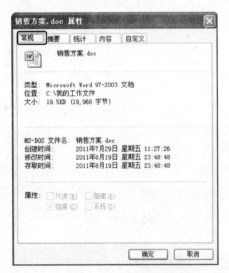

图 1-60　选择"常规"选项卡　　　　　　图 1-61　选择"摘要"选项卡

步骤 4　选择"统计"选项卡，可以查看该文档的行数、字数等统计信息，如图 1-62 所示。

✍提示：在 Word 窗口中，选择"工具"|"字数统计"命令，可查看当前文档的字数。

步骤 5　选择"自定义"选项卡，可以为文档添加自定义属性，在"名称"中可选择分类，也可以自己输入，在"类型"中可选择分类的取值类型，在"取值"文本框中可输入所选名称的取值，设置完后单击"添加"按钮，可将属性添加到"属性"列表框中，如图 1-63 所示。

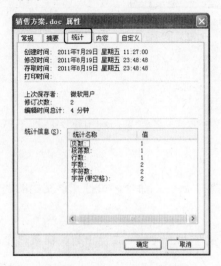
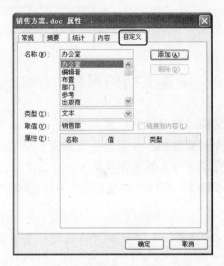

图 1-62　选择"查看"选项卡　　　　　　图 1-63　选择"自定义"选项卡

1.3.10　本节考点

本节内容的考点如下。

◆ 调整视图：考题包括使用工具栏和菜单命令调整视图的比例、让文档整页和双页显示、切换到"普通"视图、切换到"Web 版式"视图、切换到"页面"视图、切换到"阅读版式"视图、切换到"大纲"视图、切换到文档结构图、切换到缩略图等。

◆ 窗口的操作：考题包括新建一个窗口、全部重排、使用并排的方式比较文档、并排比较中的"同步滚动"、拆分文档后进行比较、用图片的方式浏览、智能标记的设置等。

◆ 文件的搜索：考题包括打开搜索的任务窗格、根据关键字进行搜索、根据搜索范围和文件类型进行搜索、切换到高级搜索、高级搜索中的多个条件设置等。

◆ 保存位置和属性的设置：考题包括设置默认保存文档的位置、查看文档的属性（如位置、大小、作者、创建时间等）、设置"摘要"、查看"统计"、自定义属性的方法等。

1.4　文档安全

对于一些比较重要的文档，用户可以对其进行安全设置，包括设置密码保护、个人信息的安全设置，以及保护文档的结构等。

1.4.1　设置密码保护

设置密码保护，包括为文档设置打开密码、设置修改密码，当要取消保护时，可以删除密码。

1．设置密码

要为文档设置密码，首先要在 Word 中打开该文档，然后进行如下操作。

方法 1：使用"另存为"对话框。

步骤 1　打开"另存为"对话框，单击左上角的工具(L)·按钮，选择"安全措施选项"命令，弹出"安全性"对话框。

步骤 2　在"打开文件时的密码"文本框中，可以输入打开文件时的密码，密码以"*"显示，输入密码的长度不能超过 15 个字符；"修改文件时的密码"文本框中，可以输入将编辑该文档的密码，如图 1-64 所示。

步骤 3　设置完后单击"确定"按钮，弹出"确认密码"对话框，再次输入密码后单击"确定"按钮，最后将文档保存起来。

方法 2：使用"选项"对话框。

选择"工具"|"选项"命令，打开"选项"对话框，选择"安全性"选项卡，在其中也可以设置密码，与方法 1 是一样的，如图 1-65 所示。

✍提示：单击"高级"按钮，可以打开"加密类型"对话框，在其中可以设置加密类型。

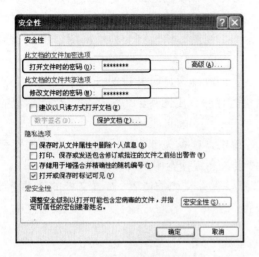

图 1-64　设置密码

图 1-65　"安全性"选项卡

设置了密码后，打开并修改文档的操作如下。

步骤 1　打开文档时会弹出图 1-66 所示的对话框，输入打开密码后单击"确定"按钮。

步骤 2　弹出要求输入修改密码的对话框，如图 1-67 所示，输入正确的修改密码后确定，即可打开文档，并可以对文档进行修改操作。

图 1-66　输入打开密码

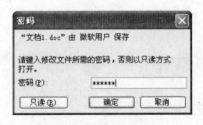

图 1-67　输入修改密码

✍提示：如图 1-67 所示，单击对话框中的"只读"按钮，此时可以用只读的方式打开文档，在文档中将无法进行修改操作。

2．密码的删除与更改

步骤 1　在"另存为"对话框中，或者在"选项"对话框的"安全性"选项卡中，将密码文本框中的"*"删除，单击"确定"按钮，保存文档，可以将文档的密码保护取消。

步骤 2　要更改密码，则在对话框的密码输入文本框中输入新密码即可，方法与设置密码是一样的。

1.4.2　设置安全选项

在设置密码的对话框中，还有一些安全选项的设置，具体内容如下。

◆ "建议以只读方式打开文档"：选中该复选框，表示在打开文档时，Word 将建议以只读方式打开文档，用户可以接受或拒绝，如果接受，那么对文档进行修改后只能通过另存为的方式保存文档，不会对原文档产生影响。

◆ "保存时从文件属性中删除个人信息"：选中该复选框，可以保护用户稳私，避免其他用户通过"属性"对话框查看到文档的作者姓名等个人信息。

◆ "打印、保存或发送包含修订或批注的文件之前给出警告"：选中该复选框，可在打印、保存或发送包含修订或批注的文件之前给出提示，防止将这类信息共享。

◆ "宏安全性"按钮：单击该按钮，可以选择安全级别，将其设置为高，可以防止宏病毒破坏文档。

1.4.3　保护文档

通过设置，用户可以使文档中的局部元素不能被修改，操作如下。

步骤 1　选择"工具"|"保护文档"命令，或者在设置密码的对话框中单击 保护文档(P)… 按钮，打开"保护文档"任务窗格。

步骤 2　选中"限制对选定的样式设置格式"复选框，可以保护文档的格式，单击该复选框下方的"设置"链接，如图 1-68 所示，打开"格式设置限制"对话框，在其中通过在列表框中选中或取消选中复选框，可限制指定的样式被修改，如图 1-69 所示，设置完后单击"确定"按钮。

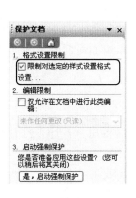

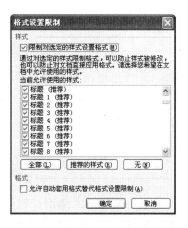

图 1-68　格式设置限制　　　　　图 1-69　选中或取消选中复选框

步骤 3　在"保护文档"任务窗格中选中"仅允许在文档中进行此类编辑"复选框，可以设置只能对指定的类别进行编辑，未指定的则不能进行编辑，在复选框下方的下拉列表框中可选择允许编辑的项，如"修订"、"批注"、"填写窗体"等，如图 1-70 所示。

步骤 4　设置完后，单击 是，启动强制保护 按钮，在弹出的对话框中设置密码，如图 1-71

所示。

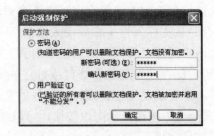

图 1-70　编辑限制　　　　　　图 1-71　"启用强制保护"对话框

✐提示：当要取消保护时，可以选择"工具"|"取消文档保护"命令，输入密码后，在"保护文档"任务窗格中取消对限制项的选择。

1.4.4　本节考点

本节内容的考点如下：使用保存功能打开设置密码的对话框、使用"工具"菜单打开设置密码的对话框、设置文档的打开密码、设置文档的修改密码、设置安全选项、限制格式和编辑等。

1.5　文档的打印

制作好文档后，往往需要将其打印出来，下面来介绍如何合理地打印文档的知识。

1.5.1　打印预览

在打印之前需要打印预览，如图 1-72 所示，满意后再进行打印，打开打印预览的方法如下。

方法 1：在"常用"工具栏上单击"打印预览"按钮 🔍。

方法 2：选择"文件"|"打印预览"命令。

使用"打印预览"工具栏上的按钮，可以对文档进行各种操作，具体如下。

◆ "打印"按钮 🖨：单击该按钮，可以开始打印文档。

◆ "放大镜"按钮 🔍：单击该按钮，鼠标指针变成放大镜形状，在文档上单击，可将文档的缩放至 100% 显示，再次单击，可恢复到原来的状态。

◆ "单页"按钮 🔲：单击该按钮，文档以单页的方式显示。

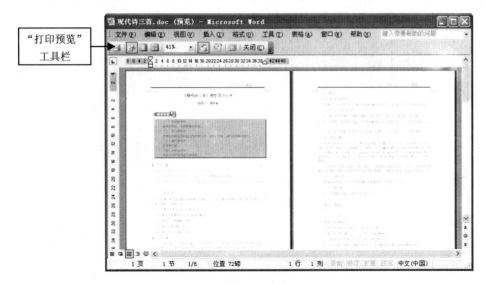

图 1-72　进入打印预览窗口

◆ "多页" 按钮▦：单击该按钮，可以在弹出的列表中选择显示的页数。
◆ "显示比例" 50% ▾：在其中可以选择或输入显示比例的数值，这与在文档中设置显示比例是一样的。
◆ "查看标尺" 按钮▦：单击该按钮，可以显示或隐藏标尺。
◆ "缩小字体填充" 按钮▦：单击该按钮，可以使文档在同一页中显示出来。
◆ "全屏显示" 按钮▦：单击该按钮，可以全屏幕的方式显示当前页。
◆ "关闭" 按钮 关闭(C)：单击该按钮，可关闭打印预览视图。

1.5.2　设置打印参数

1．打印范围

在文档中，单击 "常用" 工具栏上的 "打印" 按钮▦，可以按默认的设置打印文档，打印的范围为文档中的所有页数，打印份数为 1 份。

用户也可以自定义打印的范围，具体操作如下。

步骤 1　在文档中选择 "文件" | "打印" 命令，打开 "打印" 对话框，如图 1-73 所示。

步骤 2　在 "名称" 中可以选择需要使用的打印机；在 "页面范围" 选项组中，可以选择页面范围的选项，具体如下。

◆ 选中 "全部" 单选按钮，表示打印文档的全部内容。
◆ 选中 "当前页" 单选按钮，表示打印当前光标定位处的页面。
◆ 选中 "页码范围" 单选按钮，可以在右侧的文本框中输入页码范围，例如要打印第 2~6 页，那么可以输入 "2-6"；例如要打印第 2 页、第 5 页和第 8 页，那么可以输入 "2,5,8"（页码之间用英文状态下的逗号隔开）；例如要打印第 2~6 页，以及第 8 页和第 10 页，那么可以输入 "2-6,8,10"，以此类推。

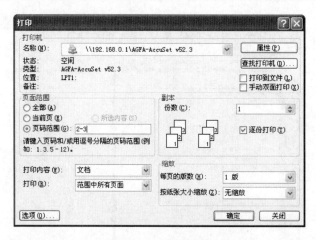

图 1-73　"打印"对话框

✍ **提示**：如果要打印当前文档中选中的内容，需要在"页面范围"选项组中选中"所选内容"单选按钮；如果文档中没有选中内容，那么该单选按钮将不可用。

2. 打印内容

在"打印内容"中可以指定需要打印的内容，选择"文档"表示打印文档内容；在"打印"中可以选择页码范围，可以选择"范围中所有页"、"偶数页"或"奇数页"。

3. 打印份数

在"副本"选项组的"份数"中可输入需要打印的份数，默认为 1，表示只打印一份。选中"逐份打印"复选框，表示当打印多份的时候，打印完一份再继续打印下一份。

4. 缩放打印

当在一张纸上需要打印多个页面时，可以采用缩放打印。

步骤 1　在"缩放"选项组中，打开"每页的版数"下拉列表，在其中可以选择在一张纸上打印的版面，可以选择"2 版"、"4 版"、"6 版"、"8 版"、"16 版"，如选择"4 版"，表示在一张纸中打印 4 页。

步骤 2　打开"按纸张大小缩放"下拉列表，在其中可选择纸张大小，默认的是"无缩放"，表示按 1∶1 的方式打印。

5. 双面打印

双面打印是指在打印的时候，采用正反面打印。

步骤 1　在"打印"对话框中选中"手动双面打印"复选框。

步骤 2　单击"确定"按钮，开始打印奇数页，打印结束后将已打印的页按顺序放入打印机可打印另一面。

✍ **提示**：用户可以通过在"打印"下拉列表中选择"奇数页"来打印一面，打印完后，再选择"偶数页"来打印另一面。

1.5.3　设置打印选项

打开打印选项设置对话框的方法有如下两种。

方法 1：在"打印"对话框中单击左下角的 选项⑴ 按钮。

方法 2：在 Word 窗口中，选择"工具"|"选项"命令，在弹出的对话框中选择"打印"选项卡。

打印选项设置的对话框如图 1-74 所示。

图 1-74　设置打印选项

在其中可以选中或取消选中一些选项，主要选项如下。

◆ "草稿输出"：选中该复选框，表示以最少的格式打印文档，此选项可以加速打印进程。某些打印机不支持此功能。

◆ "更新域"：选中该复选框，表示在打印前将更新文档中的所有域。

◆ "更新链接"：选中该复选框，表示在打印前将更新文档中所有的超链接。

◆ "后台打印"：选中该复选框，表示以后台方式打印文档，以便在打印时能够继续工作。此选项将使用更多的可用内存。如果打印速度慢得难以接受，请取消选中此复选框。

◆ "逆页序打印"：选中该复选框，表示按照逆页序打印页面（从文档的最后一页开始打印）。打印信封时请不要使用此选项。

◆ "文档属性"：选中该复选框，表示完成文档打印后，将文档的摘要信息打印在单独的一页上。

◆ "图形对象"：选中该复选框，表示打印所有图形对象。如果取消选中此复选框，则 Word 会打印一个空白框来代替每个图形对象。

◆ "背景色和图像"：选中该复选框，表示打印所有背景色和图像。取消选中此复选框可能会加速打印进程。

◆ "仅打印窗体域内容"：选中该复选框，表示只打印在联机窗体中输入的数据，而不打印该窗体。

◆ "纸张正面"：设置每页正面上的页码顺序。选中此选项可在放入纸张的最后一张纸上打印第 1 页。清除此选项可在放入纸张的第一张纸上打印第 1 页。

◆ "纸张背面"：设置每页背面上的页码顺序。选中此选项可在放入纸张的最后一张纸上打印第 2 页。清除此选项可在放入纸张的第一张纸上打印第 2 页。

1.5.4　管理打印机队列

当使用打印机进行打印的时候，会出现打印机队列，其中列出了正在打印的文档，用户可以暂停、取消某个打印任务，还可以设置打印任务的优先级。

管理打印机队列的操作如下。

步骤 1　在"打印机和传真"窗口中双击打印机图标，或者在任务栏上双击 图标，都可以打开队列窗口，如图 1-75 所示。

✍ **提示**：窗口中列出了当前正在打印的任务，在其中可以查看任务的名称、状态、打印页数、文档大小等信息，打印机会按照列表中的顺序，逐一进行文档的打印。

步骤 2　当要暂停某一个打印任务，可在列表中选择打印任务，然后执行"文档"|"暂停"命令，如图 1-76 所示，这样打印机会继续执行列表中后面的打印任务；当要取消打印任务的"暂停"状态，可执行"文档"|"重新启动"命令；当要取消某一打印任务，可选择该任务后执行"文档"|"取消"命令；选择任务后，按键盘上的 Delete 键，也可以取消该任务；如果要同时取消所有打印任务，可以选择"文件"|"取消所有文档"命令。

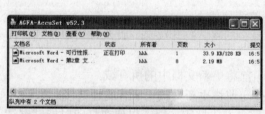

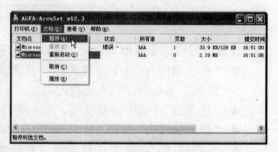

图 1-75　打印队列　　　　　　　　　图 1-76　对打印列表的操作

1.5.5　本节考点

本节内容的考点如下：打印预览、打印预览中工具栏的使用（如单页显示、多页显示、设置比例等）、设置打印的页码、设置双面打印、设置打印份数、设置缩放打印、设置打印选项（如逆页序打印、后台打印）、取消打印任务等。

1.6　使用帮助系统

在操作 Word 过程中，当对其中的功能有疑问的时候，可以使用帮助系统，下面介绍其使用的方法。

1.6.1　获取帮助

在 Word 2003 窗口中，用户可以使用"任务窗格"或者"搜索框"来获得帮助信息；在对话框中，用户可以使用帮助按钮来获得帮助信息。

1．使用"Word 帮助"任务窗格

打开"Word 帮助"任务窗格的方法如下。

方法 1：在 Word 2003 窗口中，按 F1 键。

方法 2：选择"帮助"|"Microsoft Office Word 帮助"命令。

打开的"Word 帮助"任务窗格如图 1-77 所示，操作如下。

步骤 1　在"搜索"文本框中输入关键字，例如要获取"新建文档"的帮助，那么输入"新建文档"，如图 1-77 所示。

步骤 2　单击"搜索"按钮，即可得到搜索结果，如图 1-78 所示，单击其中的链接可以打开该主题的帮助信息。

2．使用搜索框

在 Word 窗口的右上角，有一个搜索框 键入需要帮助的问题 ▼，在其中输入关键字后按 Enter 键，可以得到相应的搜索结果。

3．获取对话框的帮助

例如，选择"工具"|"选项"命令，弹出"选项"对话框，用户可以在对话框中单击右上角的 ? 按钮，可以获得该对话框的帮助，如图 1-79 所示，在其中单击链接可以得到相应的帮助内容。

图 1-77　输入关键字

图 1-78　搜索结果

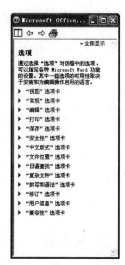
图 1-79　获取对话框的帮助

1.6.2　使用 Office 助手

使用 Office 助手可以即时地提供各种问题的解答，具体操作如下。

1．打开和隐藏

图 1-80　Office 助手

步骤 1　在 Word 窗口中选择"帮助"|"显示 Office 助手"命令，可以在窗口的右下角看到一个可爱的"孙悟空"形象，它就是"Office 助手"。

步骤 2　单击"孙悟空"形象，会弹出图 1-80 所示的窗口，在其中可以输入一个问题。

步骤 3　单击"搜索"按钮，此时会弹出"搜索结果"任务窗格，单击链接可以得到相应的帮助信息。

步骤 4　用完"Office 助手"后，可以将隐藏，选择"帮助"|"隐藏 Office 助手"命令，或者用鼠标右击 Office 助手图标，在弹出的快捷菜单中选择"隐藏"命令。

2．更换助手图标

用户可以用其他的动画形象来替代"孙悟空"形象，操作如下。

步骤 1　在图 1-80 所示的窗口中单击"选项"按钮，或者用右击 Office 助手图标，在弹出的菜单中选择"选项"命令，弹出"Office 助手"对话框，如图 1-81 所示。

步骤 2　在对话框中选择"助手之家"选项卡，单击"上一位"按钮和"下一位"按钮可以查看不同的 Office 助手形象，单击"确定"按钮，可将当前选择的图标作为 Office 助手的形象。

步骤 3　选择"选项"选项卡，在其中可以选中一些特性和显示相关提示的选项，例如要设置 Office 助手只显示高优先级提示，那么可以选中"只显示高优先级提示"复选框，如图 1-82 所示。

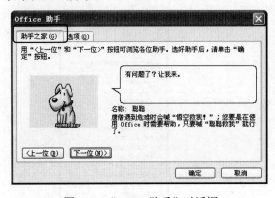

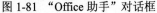

图 1-81　"Office 助手"对话框

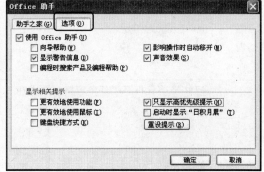

图 1-82　设置选项

1.6.3　本节考点

本节内容的考点如下：打开 Office 助手、隐藏 Office 助手、修改 Office 助手图标、设置 Office 助手选项等。

1.7　本章试题解析

试　　题	解　　析
一、Word 2003 基本操作	
试题 1　打开"运行"对话框，然后通过输入命令启动 Word 2003	打开对话框，输入"winword"后确定
试题 2　从"开始"菜单启动 Word 2003，隐藏"常用"工具栏，显示"格式"工具栏，显示"审阅"工具栏	启动后选择"视图"|"工具栏"中的命令
试题 3　在当前窗口中，打开 Word 2003 程序的目录，然后为它在桌面上创建一个快捷方式	右击"WINWORD.EXE"，选择"发送到"|"桌面快捷方式"
试题 4　使用菜单中的命令，将视图切换到"页面"视图，显示标尺和网络线	选择"视图"菜单中的命令
试题 5　用菜单命令将文档的视图设置为页面视图，显示缩略图和标尺	分别在"视图"菜单中选择相应命令
试题 6　在当前文档窗口中，通过选择菜单命令，将文档全屏显示，然后退出	在"视图"菜单中选择"全屏显示"命令
试题 7　使用按钮，将视图切换到"Web版式视图"，打开"Web"工具栏	单击回按钮，然后选择"视图"|"工具栏"|"Web"
试题 8　利用菜单命令，首先打开"格式"工具栏，然后在上面添加一个"插入表格"按钮	运用"视图"|"工具栏"中的命令，打开"格式"工具栏和"自定义"对话框，选择"命令"选项卡，拖动"插入表格"到"格式"工具栏上
试题 9　要求使用拖动的方式，将"格式"工具栏上的"插入表格"按钮删除	首先打开"自定义"对话框，然后将"格式"工具栏上的"插入表格"按钮拖动到工具栏之外
试题 10　利用菜单命令，要求将"格式"工具栏设置为默认	打开"自定义"对话框的"工具栏"选项卡，选择"格式"工具栏，单击"重新设置"按钮
试题 11　利用菜单命令，新建一个名称为"我的工具栏"的工具栏，在工具栏上添加"新建"按钮	打开"自定义"对话框的"工具栏"选项卡，单击"新建"按钮，设置名称，然后将"新建"命令拖动到新的工具栏上
试题 12　已知当前已打开了任务窗格，要求在其中切换到"开始工作"任务窗格	单击任务窗格标题栏，从中选择"开始工作"
试题 13　使用"常用"工具栏，打开 C 盘中的"合同.doc"，再打开任务窗格，然后切换到"新建文档"任务窗格	单击按钮打开文件，选择"视图"|"任务窗格"命令
试题 14　要求依次操作：使用"常用"工具栏新建一个空文档，使用快捷键新建一个空文档，利用菜单命令新建一个空文档	单击按钮，按快捷键 Ctrl+N，再选择"文件"|"新建"命令，单击"空白文档"链接
试题 15　利用本机上的模板新建一个空文档	选择"文件"|"新建"命令，单击"本机上的模板"链接，选择"空白文档"项，单击"确定"按钮

试　题	解　析
试题 16　使用模板，创建一个专业型备忘录，再新建一个窗口	选择"文件"|"新建"命令，在任务窗格中单击"本机上的模板"，选择"备忘录"选项卡，从中选择"专业型备忘录"，单击"确定"，再选择"窗口"|"新建窗口"命令
试题 17　创建一个"英文现代型报告"文档，将其保存到"我的文档"中（使用"常用"工具栏），文件名为默认	选择"新建"命令，单击"本机上的模板"，在"其他英文模板"选项卡中选择"英文现代型报告"，确定后单击"保存"按钮
试题 18　要求使用模板，创建一个现代型报告	与上题操作类似，在"模板"对话框中选择"报告"选项卡，选择"现代型报告"，单击"确定"
试题 19　在当前窗口中，利用任务窗格创建一个"个人传真"，修改"主题"为"计算机职称考试"，最后另存为模板（使用菜单命令按默认保存）	将任务窗格切换到"新建文档"，单击"本机上的模板"，选择"个人传真"，单击"确定"，输入"主题"，选择"文件"|"另存为"命令，选择保存类型为模板后进行保存
试题 20　要求创建一个公文向导，格式选择"流行格式"，大小为 A4，收文机关名称为"××市××规划局"，发件机关名称为"××市政府"，主题为"关于 2011 年规划报告"，其他为默认	选择"新建"命令，单击"本机上的模板"，选择"报告"选项卡，选择"公文向导"，单击"确定"后逐步操作
试题 21　使用菜单命令，要求先打开 C 盘中的"合同.doc"文件，再选择"大纲"视图	选择"文件"|"打开"命令打开文件，选择"视图"|"大纲"命令
试题 22　使用菜单命令，同时打开"文档 1.doc"和"文档 3.doc"文件	按住 Ctrl 键选中需要打开的文件
试题 23　使用工具栏上的按钮，用只读的方式打开 D 盘中的文档"文档 1.doc"	参见"1.2.2 打开和关闭文档"中的"2. 选择打开方式"
试题 24　使用工具栏上的按钮，用打开副本的方式打开 D 盘中的文档"文档 1.doc"	参见"1.2.2 打开和关闭文档"中的"2. 选择打开方式"
试题 25　将文档另存到"我的文档"中，文件名称"网页.htm"，要求在保存时设置压缩图片	选择保存类型为"网页（*.htm;*.html）"，然后参见"1.2.3 文档的保存"中的"4.压缩图片"
试题 26　将当前文档保存为纯文本格式，文件名为默认，保存到"我的文档"中	保存时选择类型为"纯文本（*.txt）"
试题 27　在当前文档窗口中，将文档保存为低版本的格式，文件名为默认，保存位置为"我的文档"	保存时选择类型为"Word 97-2003 & 6.0/95 - RTF(*.doc)"
试题 28　通过对选项的设置，要求在保存本文档时提示保存文档属性	选择"工具"|"选项"命令，在"保存"选项卡中选中"提示保存文档属性"复选框
试题 29　通过设置，要求将所有字符嵌入文档，不嵌入常用系统字体，然后利用工具栏保存文档	在"选项"对话框的"保存"选项卡中，选中"嵌入 TrueType 字体"、"只嵌入所有字符"和"不嵌入常用系统字体"复选框，确定后单击"保存"按钮
试题 30　使用"常用"工具栏，将文字所占宽度设置为与屏幕宽度相近	打开"显示比例"列表，选择"文字宽度"
试题 31　利用菜单命令，将当前文档切换到"页面"视图，然后显示文档结构图	打开"视图"菜单，选择其中的命令
试题 32　使用按钮，将当前文档切换到"普通"视图，设置以蓝底白字显示	单击"普通视图"按钮▤，选择"工具"|"选项"命令，在"常规"选项卡中选中"蓝底白字"复选框

试　题	解　析
试题 33　使用命令打开文档"诗词 1.doc"和"诗词 2.doc"，然后依次进行操作：对它们进行并排比较、重置窗口的位置、关闭并排比较窗口	打开文件后，使用"窗口"菜单中"并排比较"命令进行并排处理，然后在"并排比较"工具栏上单击 🔲 按钮，再单击 关闭并排比较(B) 按钮
试题 34　在当前文档窗口中，使用双击分隔标记的方法，将文档拆分为两个窗口，然后使用按钮将靠下方的窗口切换为"大纲"视图	参见"1.3.4 比较和拆分"中的"2. 拆分文档"，在下方窗口中单击"大纲视图"按钮 🔲
试题 35　在当前文档窗口中，要求按图形浏览，然后查看下一张图	参见"1.3.5 选择浏览对象"
试题 36　要求在"我的文档"中搜索包含"合同"的 Word 文档，打开找到的第一个文件	参见"1.3.7 文件的搜索"
试题 37　在"打开"对话框中，要求在"C:\工作文档"中搜索大小小于 1000000 的 Word 文档	在"打开"对话框中，单击"工具"|"查找"命令，然后设置条件
试题 38　在当前窗口中，使用菜单命令搜索创建日期为 2011-8-1（或之后）的文件	参见"1.3.7 文件的搜索"中的"2.高级搜索"
试题 39　修改文档保存的默认路径为桌面	请参见"1.3.8 设置保存位置"
试题 40　在 Word 窗口中，要求查看当前文档的创建时间	选择"文件"|"属性"命令，如果没有选择"常规"选项卡则需要切换到该选项卡
试题 41　在当前文档中，添加备注信息为"××公司 2011 年合同"，使用"常用"工具栏保存文档	选择"文件"|"属性"命令，选择"摘要"选项卡，输入备注，确定后单击"保存"按钮
试题 42　在当前文档窗口中，设置"标题"为"2011年合同"，设置"作者"为"llh"	在"属性"对话框的"摘要"选项卡中设置
试题 43　在当前文档窗口中，要求定义一个属性，设置文档的"编辑者"为"llh"	打开"属性"对话框的"自定义"选项卡，选择"编辑者"，在"取值"中输入"llh"
试题 44　要求自定义当前文档的属性，名称为"完成日期"，类型为"日期"，取值为"2011-8-10"	与上题操作类似
二、文档安全	
试题 1　利用另存为功能，设置当前文档的打开密码为"123"，然后保存文档	打开"另存为"对话框，单击"工具"|"安全措施选项"命令，在"打开文件时的"密码中输入密码后确定
试题 2　利用"选项"对话框，设置当前文档的修改密码为"456"，利用按钮保存文档	选择"工具"|"选项"命令，在"安全性"选项卡中进行设置
试题 3　利用"选项"对话框，设置打开文档的密码为"123"，修改密码为"456"，启动建议只读方式打开的功能	输入密码后选中"建议以只读方法打开文档"复选框
试题 4　要求保护当前文档，仅允许在窗体中编辑或修改，启动强制保护，密码为"123"	参见"1.4.3 保护文档"
三、文档的打印	
试题 1　使用"常用"工具栏上的按钮打印预览当前文档，要求设置为使用多页方式预览，具体为 2×3 页	单击"常用"工具栏上的 🔲 按钮，在工具栏上单击 🔲 按钮后选择"2×3 页"

试　　题	解　　析
试题 2　在当前文档中，要求单页打印预览，设置显示比例为 50%	进入预览窗口后，单击▣按钮，再选择比例
试题 3　按照默认设置，用"常用"工具栏打印当前文档	单击"常用"工具栏上的"打印"按钮▣
试题 4　要求对当前文档进行打印，具体为手动双面打印	打开"打印"对话框，选中"手动双面打印"复选框
试题 5　在当前文档中，要求打印第 1 页、第 4 页、第 6 页（使用菜单命令）	打开"打印"对话框，选中"页码范围"单选按钮，输入"1,4,6"
试题 6　要求打印当前文档的所有页，打印 3 份	打开"打印"对话框，设置"份数"为 3
试题 7　要求打印当前中的第 2 页，打印份数为 3 份	打开"打印"对话框，选中"页码范围"单选按钮，输入"2"，再输入"份数"为"3"
试题 8　要求打印当前文档，按每页 6 版	打开"打印"对话框，选择"每页的版数"为"6 版"
试题 9　打印当前文档，要求用 A3 纸来打印，手动双面打印，逐份打印，共打印 3 份	打开"打印"对话框，在"按纸张大小缩放"中选择"A3"，选中"手动双面打印"复选框，选中"逐份打印"复选框，输入"份数"为"3"
试题 10　通过对选项的设置，要求启动后台打印	打开"打印"对话框，打开"选项"对话框，选中"后台打印"复选框
试题 11　通过对选项的设置，要求仅打印窗体域内容	打开"打印"对话框，打开"选项"对话框，选中"仅打印窗体域内容"复选框
试题 12　通过对选项的设置，要求逆页序打印	打开"打印"对话框，打开"选项"对话框，选中"逆页序打印"复选框
试题 13　打开打印机队列窗口，要求取消所有打印任务	参见"1.5.4 管理打印机队列"
四、使用帮助系统	
试题 1　要求利用菜单命令，获得"新建文档"的帮助信息	选择"帮助"|"Microsoft Office Word 帮助"命令，输入关键字为"新建文档"后搜索
试题 2　使用菜单命令打开"选项"对话框，然后获取"保存"选项卡的帮助	选择"工具"|"选项"命令，在对话框中单击❓按钮，在弹出的窗口中单击"'保存'选项卡"链接
试题 3　使用菜单命令，显示 Office 助手	选择"帮助"|"显示 Office 助手"命令
试题 4　要求将 Office 助手的图标修改为"恋恋"（不能用鼠标右键）	单击 Office 助手图标，单击"选项"按钮，在弹出的对话框中选择
试题 5　通过设置 Office 助手的选项，要求只显示高优先级提示（不能用鼠标右键）	打开"Office 助手"对话框，选择"选项"选项卡，选中"只显示高优先级提示"复选框

第2章　文本的处理

考试基本要求

掌握的内容：

◆ 符号、日期、时间的输入；

◆ 选择文本，复制、剪切和粘贴文本，移动文本，插入现有文件，查找和替换，以及撤销和恢复的操作；

◆ Office 剪贴板和选择性粘贴的使用；

◆ 插入页码和设置页码格式的方法；

◆ 检查拼写和语法及其选项设置。

熟悉的内容：

◆ 书签和"定位"命令的使用；

◆ 自动更正；

◆ 查找和替换文字的格式；

◆ 修订文档；

◆ 比较与合并文档；

◆ 查看文档的统计信息。

了解的内容：

◆ 为符号设置快捷键；

◆ 自动图文集词条的创建和使用；

◆ 超级链接的应用。

本章讲述了输入文本、编辑文档和校对文档这三方面的知识。

输入文本的内容包括普通文字的输入、特殊字符的插入等。

编辑文档的内容包括复制、粘贴及移动等常规操作，设置超链接，查找和替换等。

校对文档的内容包括检查拼写和语法错误、审阅及统计等。

2.1　输入文本的基础

　　制作 Word 文档最基本的操作是输入文本，输入文本的方法非常简单，首先将光标定位到需要输入文本的位置处，然后切换到自己熟悉的输入法进行输入即可。

　　下面来介绍输入文本过程中的一些要领。

2.1.1　光标与输入

　　创建了一个新的空白文档后，光标会在页面的开始处闪烁。光标是输入文本的位置，随着文本的不断输入，光标会向后推移。当要分段时，可以按 Enter 键，光标切换到下一段落，当文本输入满行时会自动换行，光标会推移到下一行的开始处，如图 2-1 所示。

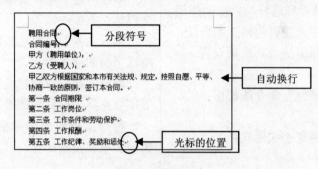

图 2-1　输入文本

　　设置光标位置的方法如下。

　　方法 1：用鼠标单击文字。

　　将鼠标指针指向目标位置（在有文字的范围之内），单击鼠标，可以将光标定位到该位置。

　　方法 2：定位到页面的任意位置。

　　使用这种方法，可以将光标定位到页面的任意空白位置处（即没有文字的空白区域），如一份合同最后落款处要输入时间，可以在需要输入时间的位置处双击鼠标，如图 2-2 所示，此时双击处会出现闪烁光标，输入文本即可，如图 2-3 所示。

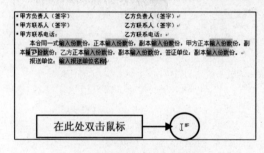

图 2-2　鼠标指向目标位置

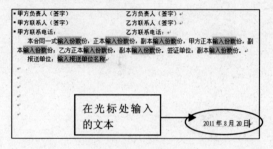

图 2-3　输入文本

✍提示：通常把此功能称为 Word 的"即点即输"功能，在制作文档的落款时常常采用，非常具有实用价值。

方法 3：使用键盘。

最常用的是按键盘上的上（↑）、下（↓）、左（←）、右（→）方向键，可以移动光标的位置，其他常用的按键和功能见表 2-1。

表 2-1　使用键盘定位光标

快捷键	功能
Home	将光标移至当前行首
End	将光标移至当前行尾
Ctrl+Home	将光标移至文档的开始
Ctrl+End	将光标移至文档的末尾
Ctrl+←	将光标左移一个词
Ctrl+→	将光标右移一个词
Ctrl+↑	将光标移动至上一个段首
Ctrl+↓	将光标移动至下一个段尾
PageUp	将光标上移一页
PageDown	将光标下移一页
Ctrl+PageUp	将光标上移至上页顶端
Ctrl+PageDown	将光标下移至下页顶端
Tab	在光标处插入制表符，光标右移

2.1.2　设置插入与改写

在 Word 文档中输入文本时，默认为"插入"状态，"插入"状态是指在原有文本的左边输入文本时原有文本将向右移。用户可以根据需要将其切换为"改写"状态，"改写"状态是指在原有文本的左边输入文本时，原有文本将被替换。用户可以根据需要在两种状态之间切换，操作如下。

此时在状态栏中显示的是灰色的"改写"字样，如图 2-4 所示，当要将按"插入"状态切换到"改写"状态，切换方法如下。

方法 1：在 Word 的"状态栏"上，用鼠标双击"改写"按钮改写，可以进入"改写"状态，此时按钮显示为黑色改写，再次双击改写，可以切换到"插入"状态，此时按钮又变成改写，如图 2-4 所示。

图 2-4　切换"插入"和"改写"状态

方法 2：按键盘上的 Insert 键，可以在"插入"状态与"改写"状态之间切换。

2.1.3 换段、换行与换页

在文档中输入文本时，用户可以根据需要换段、换行与换页，具体操作如下。

◆ 换段：按键盘上的 Enter 键，当前光标处切换到下一段落，并在上一段落的结束位置处输入一个回车符↵。

✍提示：用户可以通过对选项的设置隐藏段落标记，选择"工具"|"选项"命令，打开"选项"对话框，切换到"视图"选项卡，在"格式标记"选项组中可以通过选中复选框显示标记，取消选中复选框隐藏标记，如取消选中"段落标记"复选框，可以隐藏段落标记，如图 2-5 所示。

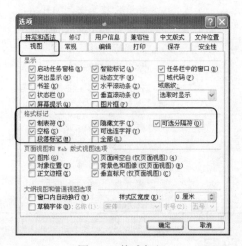

图 2-5　格式标记

◆ 换行：当输入满行时会自动换行，如果没有满行时需要主动换行，可以选择"插入"|"分隔符"命令，弹出"分隔符"对话框，在"分隔符类型"选项组中选中"换行符"单选按钮，如图 2-6 所示，单击"确定"按钮，效果如图 2-7 所示。

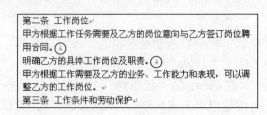

图 2-6　选择"换行符"　　　　　　　　　　图 2-7　换行符号

✍提示：按快捷键 Shift+Enter 可快速换行，换行的位置处会出现↓符号，光标移动到下一行，注意，换行后的文字依然属于同一个段落。

◆ 换页：打开图 2-6 所示的对话框，选中"分页符"单选按钮，单击"确定"按钮，可以在当前光标处分页。

✍提示：按快捷键 Ctrl+Enter 可快速换页，光标将移动到下一页的开始处。

2.1.4　修改文本

修改文本与输入文本的操作基本相同，主要有以下几点。

◆ 将光标定位到需要插入文本的位置处，就可以开始在光标处输入文本，按 Delete 键可以删除光标后面的字符，按 Backspace 键可以删除光标之前的字符。

◆ 选中文本后进行输入文本的操作，可将输入的文本替代选中的文本，按 Delete 键或 Backspace 键，可以删除选中的文本。

2.1.5　文本的选择

选中文本是经常要进行的操作，例如要对一段文本进行删除或修改、复制文本、设置文本的格式等，都需要首先选中文本。

选中文本的方法有多种，具体如下。

方法 1：用鼠标拖拉。

利用鼠标拖拉的方式，可以随心所欲地选中指定的文本，操作如下。

步骤 1　把鼠标指针指向需要选中的文本处。

步骤 2　按下鼠标并拖拉，被拖拉的位置处的文本将被选中，释放鼠标，可以选中从拖拉开始处到拖拉结束处范围内的文本，如图 2-8 所示。

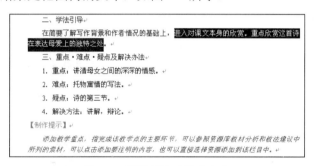

图 2-8　用鼠标拖动选中文本

方法 2：选择整行和整段。

在文档中，把鼠标移动到文本的左侧，鼠标会变成 形状，此时单击鼠标，可以选中对应的行，双击鼠标，可以选中对应的段落，图 2-9 所示为选中整个段落的效果。

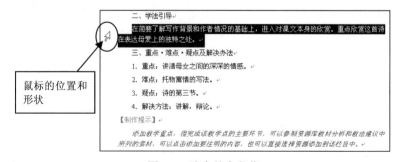

图 2-9　选中整个段落

✍ **提示**：把鼠标指向文本段落，连续 3 次单击文本，可将单击处的整个文本段落选中；双击鼠标，可以选中双击处的词。

方法 3：使用键盘。

把光标定位到需要选择文本的开始位置，然后进行如下操作。

◆ 按住 Shift 键的同时在需要选中文本的结束处单击鼠标，可选中开始到结束之间的所有文本。

◆ 按住 Shift 键的同时，再按键盘上的上（↑）、下（↓）、左（←）、右（→）方向键，可选中相应的文本。

方法 4：选择整篇文档。

使用以下操作可以将当前文档全部选中。

◆ 把光标定位到文档中，按快捷键 Ctrl + A。

◆ 选择"编辑"|"全选"命令。

◆ 把鼠标指针移动到文本的左侧，鼠标变成 ⤢ 形状（与选中整行和整个段落一样），连续 3 次单击鼠标。

方法 5：选择不连续的文本。

首先选择一处文本，然后按住 Ctrl 键，使用拖拉鼠标的方式选中其他位置的文本，这样可以选中多处不连续的文本，如图 2-10 所示。

方法 6：选择矩形区域的文本。

按住 Alt 键的同时，拖动鼠标可选中矩形区域的文本，如图 2-11 所示。

✍ **提示**：还有一些选择文本的技巧，例如，双击文本，可以选中双击处的词语；把鼠标移动到文本左侧，当指针变成 ⤢ 形状后拖动鼠标，可以选中多行文本。

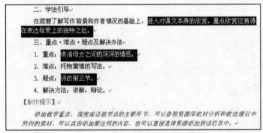

图 2-10　选中多处文本

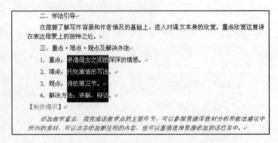

图 2-11　选中矩形区域的文本

2.1.6　书签与定位

在文档中，除了使用拖动滚动条，利用光标定位之外，还可以使用书签或"定位"命令来定位。

1．使用书签定位

步骤 1　将光标定位需要插入书签的位置，选择"插入"|"书签"命令，弹出"书签"对话框。

步骤 2　在对话框的"书签名"文本框中输入书签的名称,如图 2-12 所示,单击 添加(A) 按钮,即可在当前光标的位置插入一个书签。

✍ 提示:添加了书签后,该书签名称将会被添加到列表框中,同时会关闭"书签"对话框,再重复以上步骤,可以为文档添加若干书签。

步骤 3　插入了书签后,当要定位时,可以再次打开"书签"对话框,在列表框中选择需要定位的书签,如图 2-13 所示,单击 定位(G) 按钮,可以将当前光标定位到所选书签的位置。

✍ 提示:在"书签"对话框中,选中"名称"单选按钮,可以将列表框中的书签按名称排列,选中"位置"单选按钮,则可以按书签的先后顺序排列。

图 2-12　输入书签的名称　　　　　图 2-13　用书签定位

2. 使用"定位"命令

使用"定位"命令,可以按"页"、"节"、"行"等方式来定位,这对于在长文档中定位,非常实用,操作如下。

步骤 1　选择"编辑"|"定位"命令(快捷键为 F5),打开"查找和替换"对话框的"定位"选项卡。

步骤 2　在"定位目标"列表框中选择要定位的方式,例如可以选择"页"、"节"、"行"、"书签"、"批注"等,假如要定位到第 6 页,可以选择"页",然后在"输入页号"中输入"6",如图 2-14 所示,单击 定位(T) 按钮,可快速定位到第 6 页。

图 2-14　使用"定位"命令

2.1.7　本节考点

本节内容的考点如下:光标的定位、输入文本的方法、换行和换段、合并段落和拆分段落、显示和隐藏段落标记、切换"插入"与"改写"、选中指定的文本、插入书签并定位、利用"定位"命令进行定位（例如按页码定位、按行数定位）等。

2.2　输入特殊字符

在文档中，除了可以输入一些日常文本之外，还可以输入一些特殊文本，或插入一些特殊符号。

2.2.1　插入符号

当无法用键盘输入的方式来输入一些符号的时候，可以使用插入符号的功能，对于常用的符号，用户还可以为它设置插入的快捷键。

1．插入符号

步骤 1　定位光标到需要输入符号的位置，选择"插入"|"符号"命令，打开"符号"对话框，如图 2-15 所示。

步骤 2　在对话框中有"符号"和"特殊字符"两个选项卡，选择"符号"选项卡，在"字体"下拉列表中可选择一种插入符号的字体，在"子集"下拉列表中可选择所选字体下的子集。

步骤 3　选择一种符号，单击"插入"按钮，可在当前光标的位置处插入该符号。

步骤 4　选择"特殊字符"选项卡，如图 2-16 所示，可以插入一些"版权所有"、"商标"等符号。

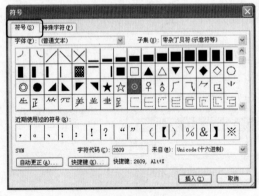
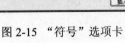

图 2-15　"符号"选项卡

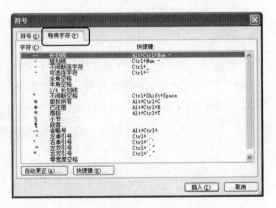

图 2-16　"特殊字符"选项卡

2．设置符号的快捷键

对于经常需要插入的符号，用户可以为其设置自己的快捷键，当要输入时，不必再打开"符号"对话框，只要定位好光标，然后按快捷键即可输入，操作如下。

步骤 1　在"符号"对话框中选中一种符号。

步骤 2 单击 快捷键(K)... 按钮，弹出"自定义键盘"对话框，如图 2-17 所示，在"当前快捷键"列表框中显示了插入该符号的当前快捷键，将光标定位到"请按新快捷键"文本框中，按下自己需要的快捷键，单击 指定(A) 按钮，可完成快捷键的设置。

✎ **提示**：如果要删除快捷键，可以在"当前快捷键"列表框中选择快捷键，然后单击 删除(R) 按钮；单击 全部重设(S)... 按钮可以将所有快捷键设置为默认状态。

3．插入特殊符号

选择"插入"|"特殊符号"命令，弹出"插入特殊符号"对话框，如图 2-18 所示，每个选项卡表示一类符号，选择符号后，单击"确定"按钮可以完成插入。

图 2-17　指定快捷键

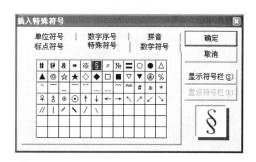

图 2-18　插入特殊符号

2.2.2　输入日期和时间

用户可以通过插入的方式在文档中输入日期和时间，操作如下。

步骤 1 首先把光标定位到需要输入日期和时间的位置，然后选择"插入"|"日期和时间"命令。

步骤 2 弹出"日期和时间"对话框，如图 2-19 所示，在"可用格式"列表框中选择日期和时间的格式，单击"确定"按钮。

步骤 3 在对话框中选中"自动更新"复选框，表示下次打开文档时会将输入的日期和时间自动更新为系统当时的日期和时间。

✎ **提示**：用户也可以手动来输入日期或时间，在输入过程中，会在其上方出现黄色的提示框，如图 2-20 所示，按 Enter 键，可快速输入提示中显示的格式。

2.2.3　插入数字

当要输入一些特殊的数字符号时，可以使用插入数字的功能，操作如下。

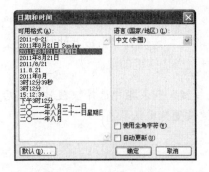

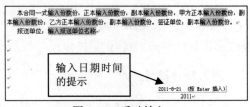

图 2-19　选择日期和时间的格式　　　　　　　图 2-20　手动输入

步骤 1　选择"插入"|"数字"命令，弹出"数字"对话框，如图 2-21 所示。

步骤 2　在"数字"文本框中输入数字，在"数字类型"列表框中选择需要的格式，如图 2-22 所示，单击"确定"按钮即可输入。

图 2-21　打开"数字"对话框　　　　图 2-22　输入数字和选择格式

步骤 3　用户也可以将已经输入的数字用指定的格式显示，如已经输入的数字 123，要修改为大写的形式，可以选中数字，选择"插入"|"数字"命令，选择数字类型为"壹，贰，叁…"后单击"确定"按钮。

2.2.4　插入页码

当文档的篇幅超过 1 页时，为了表达每页的顺序，用户需要为文档设置页码。

插入页码的操作如下。

步骤 1　选择"插入"|"页码"命令，弹出"页码"对话框，如图 2-23 所示。

步骤 2　在对话框中可以进行如下操作。

◆ "位置"：在该下拉列表中可以选择插入页码的位置，可以选择的位置有"页面顶端（页眉）"、"页面底端（页脚）"、"页面纵向中心"、"纵向外侧"和"纵向内侧"，例如选择"页面底端（页脚）"项，表示插入的页码位于每页的最底端处。

◆ "对齐方式"：在该下拉列表中可以选择的对齐方式有"左侧"、"居中"、"右侧"、"内侧"、"外侧"，表示页码相对页面的位置，例如选择"居中"项，表示页码将在页面中居中对齐。

◆ "首页显示页码"复选框：选中该复选框，表示从第 1 页开始显示页码，取消选中则表示第一页不显示页码，从第 2 页开始显示。

◆ "格式"按钮：单击该按钮，可以打开"页码格式"对话框，如图 2-24 所示。

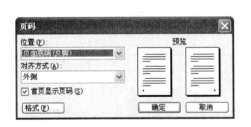 

图 2-23 "页码"对话框　　　　图 2-24 "页码格式"对话框

"页码格式"对话框中的参数说明如下。

◆ "数字格式"：打开该下拉列表，可以选择页码序号的数字格式，例如可选择格式为"A，B，C，…"。

◆ "包含章节号"复选框选中该复选框，表示将在页码中添加章节号，在"使用分隔符"中可选择章节号与页码之间的分隔符号，如选择"-（连字符）"。

◆ "页码编排"选项组：选中"起始页码"单选按钮，可在其右侧的文本框中输入开始的编号，如输入"B"，表示文档的起始页页码为 B，后面的页码以此开始编号；选中"续前节"单选按钮，表示将在上一节的基础之上继续编号。

步骤 3　单击"确定"按钮，完成插入页码的操作。

✍提示：双击页眉和页脚区域，或者选择"视图"|"页眉和页脚"命令，进入页眉和页脚的编辑状态，在其中，用户可以对页码进行编辑。

2.2.5　使用自动更正

自动更正，主要用来防止一些词语的输入错误，例如当输入"按步就班"时，会自动替换成"按部就班"。

1．添加"自动更正"

步骤 1　选择"工具"|"自动更正选项"命令，弹出"自动更正"对话框，切换到"自动更正"选项卡。

步骤 2　在"替换"文本框中输入文本，即用户有可能在文档中输入的文本，例如输入"计算机"；在"替换为"文本框中输入要替换的文本，即当用户在文档中输入"替换"中的文本时将被替换成的文本，例如输入"计算机职称考试"，如图 2-25 所示。

步骤 3　单击"添加"按钮，将可以将其添加到列表框中，如图 2-26 所示。

步骤 4　添加完后单击"确定"按钮，在文档中输入"计算机"三个字，将会自动替换为"计算机职称考试"。

✍提示：利用以上方法可以为各种插入符号设置输入的方式，在"符号"对话框中选中需要设置的符号，然后单击 自动更正(A)... 按钮，弹出"自动更正"对话框，其中在"替换为"中自动输入了所选的符号，用户可以在"替换"中输入文本。

图 2-25　输入自动更正的内容

图 2-26　添加的自动更正

2．设置"自动更正"选项

在"自动更正"选项卡中，通过选中一些复选框，可以启用相应的功能。

例如，选中"键入时自动替换"复选框，可以在输入定义了自动更正的文字时，会自动替换，取消选中则表示禁止自动替换；当不需要首个字母大写时，可以取消选中"句首字母大写"复选框。

3．修改自动更正

已经定义的自动更正，用户可以对其进行修改或者删除，操作如下。

步骤 1　打开"自动更正"对话框，在列表框中选择需要修改的项，然后修改"替换"和"替换为"文本框中的文本。

✍**提示**：由于列表框中的项目有很多，使用拖动滚动条的方式查找起来会相当烦琐，用户可以在"替换"中输入需要查找的首字或开始的几个字，此时会在列表框中列出与此相符的项，选中需要的项目，这样可以大大简化操作过程。

步骤 2　修改完后单击"替换"按钮。
步骤 3　当要删除列表框中的某一项时，可以选中它，然后单击"删除"按钮。

2.2.6　使用自动图文集

对于经常要输入的条目，用户可以将其定义为自动图文集。Word 为用户预置了各种图文集，当用户需要使用的时候可以直接插入。

1．新建自动图文集

新建自动图文集的方法有如下两种。
方法 1：使用菜单命令。

步骤 1　在文档中选中需要创建为图文集的文本或者图片。

步骤 2　选择"插入"|"自动图文集"|"新建"命令，弹出"创建'自动图文集'"对话框，如图 2-27 所示，在文本框中显示了选中的名称，也可以自己输入一个名称。

步骤 3　完成后单击"确定"按钮。

方法 2：使用对话框。

步骤 1　选择"插入"|"自动图文集"|"自动图文集"命令，打开"自动更正"对话框的"自动图文集"选项卡，如图 2-28 所示。

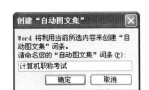

图 2-27　创建"自动图文集"对话框　　　图 2-28　"自动图文集"选项卡

步骤 2　在"请在此键入'自动图文集'词条"文本框中输入词条，然后单击"添加"按钮。

2．使用自动图文集

使用自动图文集的方法有如下两种。

方法 1：使用菜单命令。

步骤 1　将光标定位到需要插入自动图文集词条的位置。

步骤 2　打开"插入"|"自动图文集"菜单，在其中选择词条的类型，再选择词条的名称即可，如图 2-29 所示。

方法 2：利用对话框。

打开"自动更正"对话框中的"自动图文集"选项卡，在列表框中选择需要插入的自动图文集词条，然后单击"插入"按钮，如图 2-30 所示。

提示：用户可以在对话框中单击"显示工具栏"按钮，打开"自动图文集"工具栏，然后使用该工具栏完成词条的插入；在对话框的列表框中选择词条，单击"删除"按钮，可将所选词条删除。

3．在页眉和页脚中使用

选择"视图"|"页眉和页脚"命令，可以进入页眉和页脚的编辑状态，用户可以在其

中插入图文集的词条，如要在页脚中插入"作者、页码、日期"词条，操作如下。

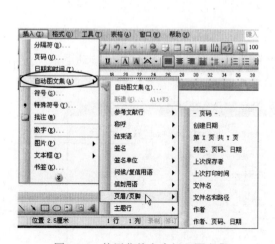

图 2-29　使用菜单命令插入图文集

图 2-30　使用对话框插入图文集

步骤 1　在"页眉和页脚"工具栏上单击"在页眉和页脚间切换"按钮，切换到页脚。

步骤 2　选择"插入"|"自动图文集"|"作者、页码、日期"命令。

2.2.7　插入域

域是一组命令的集合，通过插入域的方式，可以完成用手动输入非常麻烦的工作，如输入"保存文件的日期"，操作如下。

步骤 1　选择"插入"|"域"命令，打开"域"对话框。

步骤 2　在"类别"下拉列表中可以选择域的类别，如图 2-31 所示。例如选择"日期和时间"，在"域名"中需要设置的项，如图 2-32 所示，在右侧的"域属性"中选择格式。

图 2-31　选择域的类别

图 2-32　选择域的格式

提示：在"类别"下拉列表中，可供选择类别共有 9 类，分别是"日期和时间"、

"文档自动化"、"文档信息"、"等号和公式"、"索引和表格"、"链接和引用"、"邮件合并"、"编号"、"用户信息"。

步骤 3　单击"确定"按钮可完成插入。

2.2.8　本节考点

本节内容的考点如下。

◆ 插入符号：考题包括打开"符号"对话框、根据需要插入的符号选择字体（如选择 Wingdings）、插入符号和特殊字符、插入特殊符号、为插入符号设置快捷键、删除插入符号的快捷键等。

◆ 插入日期和时间：考题包括按照指定的格式插入日期、设置插入的日期可以自动更新、设置默认的日期和时间格式等。

◆ 插入数字：考题包括插入指定格式的数字、修改数字的格式等。

◆ 插入页码：考题包括按位置和对齐方式插入页码、按数字格式插入页码、设置首页中部显示页码、设置起始页码等。

◆ 使用自动更正：考题包括设置自动更正的选项、设置自动替换、新增自动更正的项、修改自动更正的项、使用自动更正输入、设置插入符号的自动更正项等。

◆ 使用自动图文集：考题包括使用菜单命令插入指定的词条、使用对话框插入指定的词条、新增词条、删除词条、在页眉页脚中使用词条等。

◆ 使用域：插入域的方法。

2.3　编辑文档

编辑文档的操作比较简单，都是一些日常操作计算机过程中频繁要用的命令操作，如复制、粘贴、剪切、删除、移动、撤销和恢复等。

2.3.1　删除文本

关于删除文本的方法，在本章的"2.1　输入文本的基础"中已经有过介绍，下面再来总结一下删除的方法。

方法 1：使用 Delete 键。

定位好光标的位置，然后按此键，可以逐个删除光标右侧的字符；如果当前选中了文本，按此键，可以将所选文本删除。

方法 2：使用 Backspace 键。

定位好光标的位置，然后按此键，可以逐个删除光标左侧的字符，而光标右侧的内容会自动往左移动；如果当前选中了文本，按此键，可以将所选文本删除。

方法 3：使用命令。

选中文本内容后，选择"编辑"|"清除"|"内容"命令，可以将所选内容删除。

✍提示：定位好光标后，按一下快捷键 Ctrl+Delete，可以删除光标之后的一个词语，按一下快捷键 Ctrl+Backspace，可以删除光标之前的一个词语。

2.3.2　复制、剪切和粘贴

复制和剪切是指将选中的内容移动到剪贴板上，粘贴是指将剪贴板中的内容粘贴到目标位置处。因此，"复制"和"剪切"命令往往需要与"粘贴"命令连用才具有意义。

1．复制和剪切

在文档中选中内容后，对其进行复制或剪切的方法如下。
方法 1：选择"编辑"|"复制"或"剪切"命令。
方法 2：在"常用"工具栏上单击"复制"按钮或"剪切"按钮。
方法 3：按快捷键 Ctrl+C 可以复制，按快捷键 Ctrl+X 可以剪切。
使用"剪切"与"复制"都会将所选内容放置到剪贴板上，区别是剪切后的内容会自动消失，而复制不会删除原来选中的内容。

2．粘贴

将内容复制或者剪切到剪贴板上后，用户可以将光标定位到需要的位置，然后执行"粘贴"操作将其粘贴过来，方法如下。
方法 1：选择"编辑"|"粘贴"命令。
方法 2：在"常用"工具栏上单击"粘贴"按钮
方法 3：按快捷键 Ctrl+V。

✍提示：选中文本后，按住键盘上的 Ctrl 键，按住选中的文本拖动到目标位置，可以快速完成复制和粘贴操作。

2.3.3　移动文本

移动文本是指将所选的文本从一个位置移动到另一个位置，操作方法如下。
方法 1：使用"剪切"和"粘贴"命令。
这在前面已经介绍了，只需要选中内容后执行"剪切"操作，然后将光标定位到目标位置处，再执行"粘贴"操作。
方法 2：使用鼠标拖动。
如图 2-33 所示，例如要将所选的文本拖动到靠上面的空段落处，可以进行如下操作。
步骤 1　将鼠标指针指向选中的文本，按住鼠标将其拖动到目标位置（即空段落处）。
步骤 2　释放鼠标，即可完成移动操作，如图 2-34 所示。

2.3.4　选择性粘贴

选择性粘贴包括使用"粘贴选项"按钮和使用"选择性粘贴"命令，这两种方式都可以实现选择性粘贴。

图 2-33 拖动选中的文本到目标位置　　　　图 2-34 完成移动操作

1. "粘贴选项"按钮

将内容粘贴到目标位置后，会在粘贴处出现一个"粘贴选项"按钮，单击该按钮，在弹出的下拉列表中可以选择粘贴的方式，如图 2-35 所示，其中包括 4 个命令，分别为"保留源格式"、"匹配目标格式"、"仅保留文本"和"应用样式或格式"。

◆ "保留源格式"：粘贴过来的内容将保留被复制内容的格式。

◆ "匹配目标格式"：粘贴过来的内容采用目标位置处的格式。

◆ "仅保留文本"：粘贴过来的内容不带任何格式，只保留文本。

◆ "应用样式或格式"：选择该命令，可打开"样式和格式"任务窗格，在其中可为文本设置格式。

2. 使用"选择性粘贴"命令

步骤 1 复制或剪切内容后，把光标定位到目标位置，选择"编辑"|"选择性粘贴"命令，打开"选择性粘贴"对话框，如图 2-36 所示。

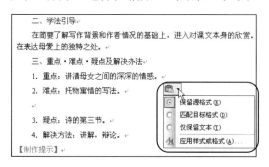

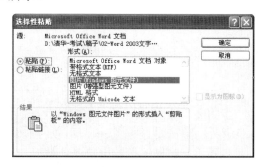

图 2-35 选择粘贴方式　　　　图 2-36 "选择性粘贴"对话框

步骤 2 在其中可以选中"粘贴"单选按钮，也可以选中"粘贴链接"单选按钮，在列表框中可以选择粘贴的形式，如"无格式文本"、"图片"、"HTML 格式"等。

步骤 3 选择完后单击"确定"按钮。

　　提示：利用"编辑"|"粘贴为超链接"命令，可以将复制的内容粘贴为超链接的形式。

2.3.5　使用剪贴板

被复制或剪切的内容将被复制到剪贴板上，在"Office 剪贴板"上可以放置多个粘贴对象，用户可以多次粘贴使用。

1．打开剪贴板

"Office 剪贴板"以任务窗格的形式显示，打开它的常规方法如下。

方法 1：选择"编辑"|"Office 剪贴板"命令。

方法 2：打开任务窗格，然后将任务窗格切换到"剪贴板"。

✍ 提示：选中对象后，连续按两次快捷键 Ctrl+C，可快速打开"剪贴板"。

2．使用剪贴板

步骤 1　当需要将剪贴板中的内容粘贴到文档中时，先定位好插入点位置，再在"剪贴板"上单击需要粘贴的内容，如图 2-37 所示。

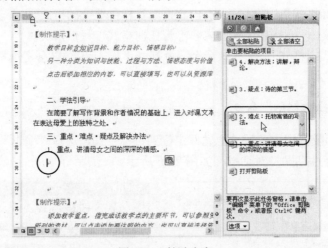

图 2-37　粘贴内容

步骤 2　在"剪贴板"上单击 全部粘贴 按钮，可以将剪贴板上的所有内容粘贴到当前光标位置处；单击 全部清空 按钮，可以将剪贴板上的内容全部删除。

步骤 3　将鼠标指针指向"剪贴板"上的内容上，有的内容右侧会出现下拉按钮，单击该下拉按钮，打开下拉列表，如图 2-38 所示，在其中选择"粘贴"命令，表示将该项内容粘贴到当前光标位置处，选择"删除"命令可将该内容从剪贴板删除。

✍ 提示：用鼠标右击"剪贴板"上的项目，也可以弹出带"粘贴"命令和"删除"命令的下拉菜单。

3．设置剪贴板

在"剪贴板"任务窗格中，单击 选项 按钮，如图 2-39 所示，在其中可以选中一些选项，具体如下。

◆ "自动显示 Office 剪贴板"：当剪贴板上保存有内容时，将会自动打开剪贴板。

◆ "按 Ctrl+C 键两次后显示 Office 剪贴板"：连续两次按快捷键 Ctrl+C，可打开剪贴板。

◆ "收集而不显示 Office 剪贴板"：当剪贴板上保存有内容时，不打开剪贴板。

◆ "在任务栏上显示 Office 剪贴板的图标"：在任务栏的通知区域中显示图标，双击它，可以打开剪切板。

◆ "复制时在任务栏附近显示状态"：当有新的内容被存放时，自动会弹出提示信息。

图 2-38 粘贴和删除

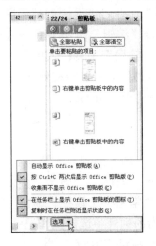
图 2-39 "选项"菜单

2.3.6 插入现有的文件

插入现有的文件是指在文档中插入"记事本"、"写字板"、"Word 文档"等文件，操作如下。

步骤 1 首先将光标定位到目标位置处，选择"插入"|"文件"命令，弹出"插入文件"对话框。

步骤 2 设置"文件类型"为需要插入文件的格式，然后在窗口中选择需要插入的文件，如图 2-40 所示，单击"插入"按钮，即可将所选文件插入到当前文档的光标位置处。

图 2-40 在文档中插入文件

2.3.7　撤销、恢复和重复

"撤销"、"恢复"和"重复"这三个命令同属于由于操作失误，而需要返回时间的命令。

1．撤销

使用"撤销"命令可以返回到某步操作之前的状态，操作方法如下。

方法 1：选择"编辑"|"撤销"命令。

方法 2：在"常用"工具栏上单击"撤销"按钮 ，或者单击"撤销"按钮右侧的下拉箭头 ，在弹出的列表中选择操作记录，如图 2-41 所示。

方法 3：按快捷键 Ctrl+Z。

2．恢复

"恢复"命令，用于回到被撤销前的状态，操作方法如下。

方法 1：选择"编辑"|"恢复"命令。

方法 2：在"常用"工具栏上单击"恢复"按钮 ，或者单击"恢复"按钮右侧的下拉箭头 ，在弹出的列表中选择操作记录，如图 2-42 所示。

方法 3：按快捷键 Ctrl+Y。

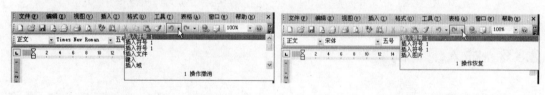

图 2-41　撤销　　　　　　　　　图 2-42　恢复

3．重复

使用"重复"命令可以重复实行上一个操作的功能，例如，上一步操作为选中的文字设置一种字体，下一步操作是需要给另外的文字设置同样的字体，那么可以首先选中需要设置字体的文字，然后再选择"重复"命令即可。该命令有助于提高工作效率。操作方法如下。

方法 1：选择"编辑"|"重复"命令。

方法 2：按快捷键 Ctrl+Y。

2.3.8　本节考点

本节内容的考点如下：删除所选的文本、复制并粘贴文本、剪切并粘贴文本、用鼠标拖动的方式移动文本、选择性粘贴的使用、在文档中插入文件、剪贴板使用和设置、撤销和恢复等。

2.4　应用超链接

在 Word 中，用户可以为文档中的文字或图片设置超链接，可以链接到其他文档中，也可以链接到网页上或者电子邮件等。

2.4.1　设置超链接

设置超链接的形式有多种，在设置之前，首先在文档中选中需要设置的对象，如选中文本或图片，然后使用以下方法之一打开"插入超链接"对话框，如图 2-43 所示。

方法 1： 在菜单栏中选择"插入"|"超链接"命令。

方法 2： 在"常用"工具栏上单击"插入超链接"按钮。

方法 3： 按快捷键 Ctrl + K。

方法 4： 在所选对象上单击鼠标右键，在弹出的快捷菜单中选择"超链接"命令。

图 2-43　"插入超链接"对话框

1．链接到文件和网页

步骤 1 在"链接到"列表框中选择"原有文件或网页"项。

步骤 2 在右侧的列表框中选择要链接的文件。

步骤 3 如果要将选中的对象链接到网址，那么可以在"地址"文本框中输入网址。

步骤 4 单击"确定"按钮，即可将所选的对象链接到所选文件或者所输入的网页。

提示： 单击对话框中的 屏幕提示(P)... 按钮，可以设置超链接的屏幕提示，即设置完超链接后，将鼠标指向超链接时出现的提示文本。

2．链接到当前文档的指定位置

当文档中设置了书签或标题样式的时候，用户可以设置文档内部的超链接，操作如下。

步骤 1 在"链接到"列表框中选择"本文档中的位置"项。

步骤 2 在"请选择文档中的位置"列表框中选择要链接的标题或者书签，如图 2-44

所示，单击"确定"按钮。

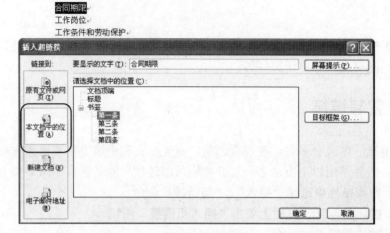

图 2-44　链接到当前文档的某个位置

3. 链接到新建文档中

步骤 1　在"链接到"列表框中选择"新建文档"项。

步骤 2　在"新建文档名称"文本框中输入新文档的名称，如图 2-45 所示，单击"确定"按钮。

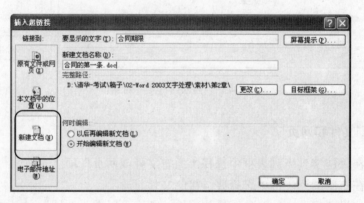

图 2-45　链接新文档

提示：在对话框中单击"更改"按钮可以改变新文档的保存路径，在"何时编辑"选项组中可以选择现在编辑或以后编辑。

4. 链接到邮件

步骤 1　在"链接到"列表框中选择"电子邮件地址"项。

步骤 2　在"电子邮件地址"文本框中输入邮箱地址（需要先输入"mailto:"），如图 2-46 所示，输入邮件的主题，在"要显示的文字"文本框中输入链接文本，单击"确定"按钮。

图 2-46 链接邮件

2.4.2 删除和修改超链接

删除超链接的方法如下。

方法 1：用鼠标右击超链接，在弹出的快捷菜单中选择"取消超链接"命令。

方法 2：选中超链接，选择"插入超链接"命令，或者右击超链接，选择"编辑超链接"命令，在弹出的对话框中单击"删除链接"按钮。

修改超链接的方法：打开"编辑超链接"对话框后重新设置。

2.4.3 本节考点

本节内容的考点如下：链接到指定的文档、链接到本文档中的书签、链接到指定网址的网页、设置邮件链接、删除超链接、修改超链接等。

2.5 查找、替换和信息检索

使用"查找"命令，可以快速地找到文档中指定的文本；使用"替换"命令，可以将文档中的特定文本替换为其他文本。

2.5.1 查找文本

步骤 1 使用以下方法之一打开"查找和替换"对话框中的"查找"选项卡。

◆ 选择"编辑"|"查找"命令。

◆ 按快捷键 Ctrl+F。

步骤 2 在"查找内容"文本框中输入要查找的内容，如图 2-47 所示。

✍提示：打开"查找内容"下拉列表，可以在其中选择查找过的历史记录。

步骤 3 单击"查找下一处"按钮，可以查找出第一个与"查找内容"相符的文本，继续单击"查找下一处"按钮，可查找其他位置相符合的文本，当查找到最后一处时，搜索完成后会弹出提示框。

图 2-47　输入"查找内容"

✍提示：在对话框的"查找"选项卡中，选中"突出显示所有在该范围找到的项目"复选框，可以将找到的内容突出显示。

步骤 4　单击"高级"按钮，可展开对话框，在其中进行高级搜索的设置，具体可参见"2.5.3 高级替换"。

2.5.2　替换文本

步骤 1　使用以下方法之一打开"查找与替换"对话框中的"替换"选项卡。

◆　选择"编辑"|"替换"命令。

◆　按快捷键 Ctrl+H。

步骤 2　在"查找内容"文本框中输入要被替换的内容，在"替换为"文本框中输入替换的内容，如图 2-48 所示。

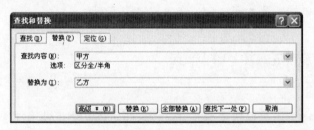

图 2-48　输入查找和替换内容

步骤 3　单击"查找下一处"按钮，可以找到需要替换的内容，然后单击"替换"按钮，可以将找到的内容替换。

步骤 4　单击"全部替换"按钮，可以将文档中所有符合查找内容的文本全部替换。

✍提示：如果要将文档中的某文本删除，可以在"查找内容"中输入该文本，在"替换为"中保持为空，单击"全部替换"按钮。

2.5.3　高级替换

使用高级替换，可以为替换和被替换的文本设置一些条件，例如区分大小写、区分全角和半角、设置文本的字体和段落格式等。

在"查找和替换"对话框中单击"高级"按钮，可以扩展对话框，如图 2-49 所示。

在"搜索选项"选项组中可以选中查找范围的选项，如"区分大小写"、"区分全/半角"等复选框；在其中的下拉列表中，可以选择查找的方向，如可以选择"向上"或"向下"项；单击"格式"按钮，可以在弹出的下拉列表中选择"字体"、"段落"等命令，为需要查找的内容指定格式。

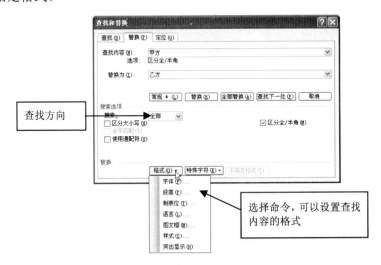

图 2-49　高级替换

对话框中的各选项含义如下。

◆ "区分大小写"：选中该复选框，表示只查找大小写与在"查找内容"一致的文本，例如输入"Word"，将不会查找"word"。

◆ "全字匹配"：选中该复选框，表示查找的内容为符合条件的完整单词，而不是单词的局部。

◆ "使用通配符"：选中该复选框，表示可以使用通配符"?"和"*"，其中"?"表示一个字符，而"*"表示多个字符。

◆ "区分全/半角"：选中该复选框，那么查找内容将会严格区分全角或半角。

1. 格式设置

步骤 1　在"查找内容"中输入需要查找的文本，单击"格式"按钮，在打开的列表中选择"字体"或"段落"命令，然后进行格式的设置。

步骤 2　在"替换为"中输入要替换的文字，单击"格式"按钮，选择"字体"或"段落"命令进行格式的设置。

2. 特殊格式设置

步骤 1　如果要设置"查找内容"的特殊格式，可以将光标定位到"查找内容"文本框中，然后单击"特殊格式"按钮，选择指定的特殊格式。

步骤 2　如果要替换为特殊格式，可以将光标定位在"替换为"文本框中，然后单击

"特殊格式"按钮，选择需要的特殊格式。

2.5.4 使用信息检索

使用"信息检索"可以实现翻译、查找同义词库等功能，打开"信息检索"任务窗格的方法如下。

方法 1：选择"工具"|"信息检索"命令。

方法 2：在任务窗格中单击标题栏，在弹出的下拉列表中选择"信息检索"项。

方法 3：在文档中选中要检索的文本，然后按下 Alt 键的同时再单击该文本。

使用信息检索的操作如下。

步骤 1 打开"信息检索"任务窗格，在"搜索"文本框中输入需要检索的文本，如图 2-50 所示，在 所有参考资料 下拉列表中，可以选择检索的范围，可以选择"翻译"、"同义词库"等。

步骤 2 在"翻译"列表框中选择语言转换，由于输入的是中文，默认选中的是将中文翻译为英文。

步骤 3 单击"开始搜索"按钮 ，或者按 Enter 键，可得到搜索到的结果，如图 2-51 所示。

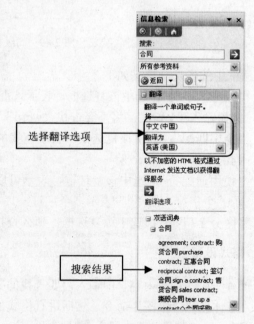

图 2-50　输入搜索词　　　　　　　　　　图 2-51　得到搜索结果

2.5.5 本节考点

本节内容的考点如下：查找指定的文本、全部查找并突出显示、替换指定的文本、查找指定格式的文本、替换指定格式的文本、删除所有的文本、将指定颜色的文本统一设置为其他颜色等。

2.6 拼写与语法

校对文本是指对输入文本的拼写与语法进行检查，通过检查，Word 会给出一些标注及更正的建议。

2.6.1 设置拼写和语法的选项

在默认情况下，Word 将会自动检查输入的文本，当发现有错误时，文本会被标记上红色波形线，当发现可能有错误时，文本会标记上绿色波形线。

用鼠标右击标记有红色或绿色波形线的文字，在弹出的快捷菜单中可以选择与语法有关的命令，如图 2-52 所示，第一个命令为表示建议修改为的内容，选择后，被标记的文字将会被更改为该文字，选择"忽略一次"命令，可以不对文字进行任何修改。

✎提示：选择"语法"命令，可以打开"语法"对话框，在其中对标记的文字进行操作；选择"添加到词典"命令，可以将该词添加到词典中，以便下次再输入同样的词后，Word 会认为是正确的文字，将不会被标记。

用户可以对拼写和语法的选项进行设置，具体操作如下。

步骤 1 选择"工具"|"选项"命令，弹出"选项"对话框，在其中切换到"拼写和语法"选项卡，如图 2-53 所示。

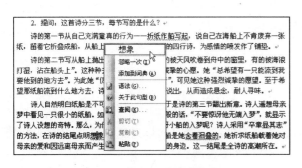

图 2-52 错误文字的右键菜单

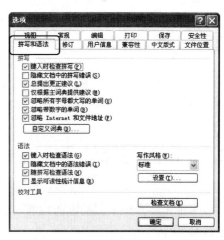

图 2-53 设置拼写和语法选项

步骤 2 在其中可以选中或取消选中一些选项，选中"键入时检查拼写"复选框，表示启用拼写检查；选中"键入时检查语法"复选框，表示启用语法检查。

✎提示：在默认情况下，Word 既会检查拼写，也会检查语法，当只想检查拼写时，可以取消选中"随拼写检查语法"复选框。

2.6.2　检查拼写和语法

用户可以使用"拼写和语法"对话框检查拼写和语法问题，对于确实存在的错误进行更正，对于没有问题的则可以忽略。

操作如下。

步骤 1　使用以下方法之一打开"拼写和语法"对话框。

◆ 在 Word 窗口中选择"工具"|"拼写和语法"命令。

◆ 单击"常用"工具栏上的"拼写和语法"按钮 。

◆ 按 F7 键。

步骤 2　在对话框中出现检查结果，如图 2-54 所示，其中在"建议"列表框中列出了建议修改的词，可以进行如下操作。

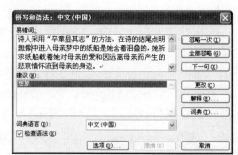

图 2-54　拼写和语法检查

◆ 单击"更改"按钮，可以按照建议进行更改。

◆ 单击"忽略一次"按钮，可以对本次找到的文字错误不修改。

◆ 单击"全部忽略"按钮，可以对该文档中所有本次找到的问题忽略不计。

◆ 单击"下一句"按钮，可以对本次找到的文字错误忽略不计，同时继续检查文档中后面的错误，检查结束后会出现提示框。

◆ 单击"解释"按钮，可以查看语法标记的详细说明。

2.6.3　本节考点

本节内容的考点如下：设置拼写和语法的选项、打开"拼写和语法"对话框、对错误作忽略处理、对错误作更改处理、对错误进行解释等。

2.7　审阅与统计

本节主要介绍文档的审阅功能，包括对文档的批注、修订，以及把多用户审阅的文档进行合并等。

2.7.1　批注文档

批注是指为了与其他用户进行沟通，在不影响文档的情况之下，在文档中添加一些注解、说明文字等。

在文档的任意位置都可以插入批注，操作如下。

步骤 1　在当前文档中，将光标定位到需要插入批注位置处，或者选中待批注的内容。

步骤 2　使用以下方法之一执行"批注"操作。

◆　选择"插入"|"批注"命令。

◆　选择"视图"|"工具栏"|"审阅"命令，弹出"审阅"工具栏，如图 2-55 所示，单击"插入批注"按钮。

图 2-55　单击"插入批注"按钮

✍️**提示**：在"审阅"工具栏上单击"显示"按钮，选择"审阅者"中的用户名称，可以显示该"审阅者"的批注。

此时在文档的右侧出现批注窗口，如图 2-56 所示。

步骤 3　将光标定位到批注窗口中，输入文字，如图 2-57 所示。

图 2-56　批注框

图 2-57　输入批注的内容

✍️**提示**：对于批注框中的文字，用户也可以为其设置文字的属性，如设置大小、颜色、加粗等；另外，用户可以对批注的颜色、批注窗口的大小等进行设置，详见"2.7.2 修订文档"中的"2.设置修订"。

当要删除批注时，可以进行如下操作。

◆　用鼠标右击批注框，在弹出的快捷菜单中选择"删除批注"命令。

◆　将光标定位到批注框中，在"审阅"工具栏上单击▣按钮右侧的下拉箭头，在弹出的列表中选择"拒绝修订/删除批注"命令。

2.7.2　修订文档

在编辑文档过程中，如果需要保存修改的记录，那么可以使用"修订"功能。

1．添加修订

步骤 1　使用以下方法之一开启"修订"功能。

◆　选择"工具"|"修订"命令。

◆　在"审阅"工具栏上单击"修订"按钮。

✍️**提示**：当"修订"按钮处于被按下状态时，表示文档处于修订状态，再次单击它，可以释放按钮，表示退出修订模式。

步骤 2　进入修订模式后，对文档进行修改，所有修改记录都将保存在文档中，如图 2-58 所示。

图 2-58　修订文档

2．设置修订

用户可以根据需要设置"修订"和"批注"选项，如"修订"和"批注"的标记、颜色等，操作如下。

步骤 1　选择"工具"|"选项"命令，打开"选项"对话框，选择"修订"选项卡，如图 2-59 所示。

✍**提示**：在"审阅"工具栏上单击 显示(S) 按钮，从弹出的下拉列表中选择"选项"命令，也可以打开"修订"对话框。

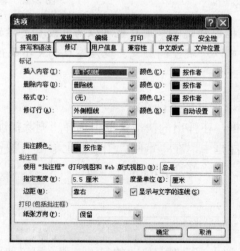

图 2-59　"修订"选项卡

步骤 2　在其中可以对修订中"插入内容"、"删除内容"、"格式"和"修订行"，以及批注中的"批注颜色"、"批注框"等进行设置。

2.7.3　接受与拒绝

接受或拒绝修订的方法如下。

◆　用鼠标右击修订的内容，在弹出的快捷菜单中可以选择接受与拒绝的命令。

◆ 在文档中单击或选中修订内容，单击"审阅"工具栏上的"接受所选修订"按钮▣▾，可接受修订；单击"拒绝所选修订"按钮▣▾，可拒绝修订。

◆ 在"审阅"工具栏上单击"前一处修订或批注"按钮▣，可翻阅到前一处修订或批注；单击"后一处修订或批注"按钮▣，可翻阅到下一处修订或批注。

◆ 在"审阅"工具栏上单击"接受所选修订"按钮▣▾右侧的下拉箭头，在弹出的下拉列表中选择"接受对文档所作的所有修订"命令，可接受文档中的所有修订；单击"拒绝所选修订"按钮▣▾右侧的下拉列表，从中选择"拒绝对文档所作的所有修订"命令，可拒绝文档中的所有修订。

2.7.4　比较并合并文档

比较并合并文档是指将其中在一个文档中修改的内容以修订的方式合并到另一个文档中，操作如下。

步骤 1　打开需要与其他文档作比较的文档，选择"工具"|"比较并合并文档"命令，弹出"比较并合并文档"对话框。

步骤 2　选择要作比较的文档，如果在对话框中取消选中"精确比较"复选框，可以不作精确式的比较，单击 合并⑭ 按钮右侧的下拉箭头，在其中可以选择合并的方式，如图 2-60 所示。

◆ "合并"：选择该命令，表示合并后的结果显示在该对话框中所选的文档中。

◆ "合并到当前文档"：选择该命令，表示合并后的结果显示在当前文档中。

◆ "合并到新文档"：选择该命令，表示合并后的结果显示在一个新文档中。

2.7.5　统计文档的信息

统计文档的信息是指统计文档的字数、页数、段落数等，方法如下。

方法 1：选择"文件"|"属性"命令，选择"统计"选项卡，在其中可查看文档的页数、段落数、行数、字数等，如图 2-61 所示。

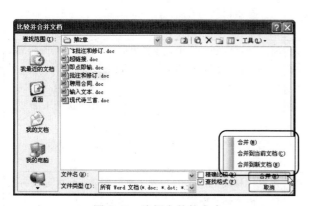

图 2-60　选择合并的命令

图 2-61　查看"统计"

　　方法 2：选择"工具"|"字数统计"命令，可查看所选内容的统计信息，如图 2-62 所示。

　　✎**提示**：当打开该对话框前没有选择内容，那么表示统计整个文档的信息，选中"包括脚注和尾注"复选框，可以将脚注和尾注也统计在内。

图 2-62　字数统计

2.7.6　本节考点

　　本节内容的考点如下：添加和删除批注、设置批注的选项、对文档进行修订、设置修订的选项、在当前文档中合并指定的文档、查看统计信息、查看所选内容的字数等。

2.8　本章试题解析

试　题	解　析
一、输入文本的基础	
试题 1　在当前文档中，在最后另起一段，输入文字"第一条 合同期限"	将光标定位到最后一段的结束处，按 Enter 键，然后输入文本
试题 2　在当前文档中，已知输入状态为"改写"状态，要求使用状态栏，将其改成"插入"状态	在状态栏上双击"改写"按钮
试题 3　在当前文档中，将第 2 行第一个句号后的文本新起段落，然后用工具栏撤销操作	将光标定位到句号后，按 Enter 键，再单击"撤销"按钮
试题 4　在当前文档中，将前 3 个段落合并，要求第 1 次合并用 Backspace 键，第 2 次合并用 Delete 键	将光标定位到第 2 个段落的开始处，按 Backspace 键，再将光标定位到段落末尾，按 Delete 键
试题 5　通过设置，要求隐藏段落标记，显示其他格式标记	选择"工具"|"选项"命令，在"视图"选项卡的"格式标记"中进行设置
试题 6　在当前文档中，选中"合同编号"4 个字	在第一个字处按下鼠标并拖动到最后一个字处
试题 7　用鼠标双击的方式选中第 2 段文字，再用菜单命令选择整个文档的文字	把鼠标移动到文本的左侧，鼠标变成形状时双击鼠标，再选择"编辑"|"全选"命令

试　　题	解　析
试题 8　利用书签定位到"第四条"	选择"插入"|"书签"命令后选择"第四条",单击"定位"按钮
试题 9　使用菜单中的命令,将光标定位到第18 行	选择"编辑"|"定位"命令后进行操作
二、输入特殊字符	
试题 1　在当前光标的位置处插入一个"笑脸"符号	选择"插入"|"符号"命令,选择字体为 Wingdings,然后选择符号后插入
试题 2　在当前光标的位置处插入"书本"符号	与上题操作相同
试题 3　在当前光标的位置处插入"已注册"符号	选择"插入"|"符号"命令,选择"特殊字符"选项卡,在其中选择"已注册",单击"插入"按钮
试题 4　在当前光标的位置处插入"商标"符号	与上题操作相同
试题 5　在当前光标的位置处插入符号"§"	选择"插入"|"特殊符号"命令,在"特殊符号"选项卡中选择
试题 6　在当前光标的位置处插入"商标"符号(要求使用快捷键)	按快捷键 Ctrl+Alt+T
试题 7　打开"符号"对话框,选择"蜡烛"符号,要求为它设置快捷键为 Ctrl+1	选择"插入"|"符号"命令,选择字体为 Wingdings,选择"蜡烛"符号,单击"快捷键"按钮设置
试题 8　打开"符号"对话框,要求将"省略号"的快捷键删除	在"符号"对话框中选择"特殊字符"选项卡,选择"省略号",单击"快捷键"按钮,然后进行删除操作
试题 9　要求使用菜单命令插入当前系统的日期和时间,格式为"2011 年 9 月 21 日星期三"	选择"插入"|"日期和时间"命令后设置
试题 10　设置"2011/9/21"格式为系统默认的日期格式,然后将其插入	打开"日期和时间"对话框,选中格式后单击"默认"按钮,再单击"确定"按钮
试题 11　插入当前系统的日期,格式为"2011/9/21",要求可以自动更新	选择"插入"|"日期和时间"命令后设置,需要选中"自动更新"复选框
试题 12　使用菜单命令,要求输入"Ⅵ"	选择"插入"|"数字"命令,输入"6",选择格式为"Ⅰ,Ⅱ,Ⅲ,…"
试题 13　使用菜单命令,输入数字"⑥"	选择"插入"|"数字"命令,输入"6",选择格式为"①,②,③…"
试题 14　将文档中已经输入的数字"123",设置为"壹贰叁"	逐个选中数字,选择"插入"|"数字"命令,选择格式为"壹,贰,叁…"后确定
试题 15　要求将文档中的"123"设置为"ABC"	分别选中数字,然后设置格式
试题 16　要求插入页码,位置为页面底端,对齐方式为居中	参见"2.2.4 插入页码"
试题 17　要求插入页码,位置为页面顶端,对齐方式为居中,格式为"Ⅰ,Ⅱ,Ⅲ,…",首页中不显示出页码	参见"2.2.4 插入页码"
试题 18　要求插入页码,位置为页面纵向中心,对齐方式为左侧,页码格式为"A,B,C,…",起始页码为"D"	参见"2.2.4 插入页码"
试题 19　要求插入页码,位置为页面纵向内侧,对齐方式为右侧,页码格式为"-1-,-2-,-3-,…"	参见"2.2.4 插入页码"

试　　题	解　　析
试题 20　通过对"自动更正"的设置，要求更正前两个字母连续大写	打开"自动更正"对话框，选中"更正前两个字母连续大写"复选框
试题 21　通过对"自动更正"的设置，要求在输入文本时会自动替换	在"自动更正"对话框中选中"键入时自动替换"复选框
试题 22　新建自动更正，要求输入"计算机"时自动替换为"计算机职称考试"	参见"2.2.5 使用自动更正"，注意，需要选中"键入时自动替换"复选框
试题 23　要求修改自动更正的项目"计算机"，将"替换为"文本修改为"计算机应用能力考试"	修改完后单击"替换"按钮
试题 24　在第 2 段落的开始处测试上题的自动更正项，输入"计算机"	定位光标，输入文字"计算机"
试题 25　通过设置自动更正，要求输入"!"时，插入"蜡烛"符号，然后插入该符号	在"符号"对话框中选择"字体"为"Wingdings"，选择"蜡烛"符号，单击"自动更正"按钮，在"替换"中输入"!"，单击"添加"按钮，关闭对话框，输入"!"
试题 26　在当前光标所在的位置，要求使用对话框，插入自动图文集中的"文件名和路径"	参见"2.2.6 使用自动图文集"
试题 27　要求使用菜单命令，在当前光标位置处插入自动图文集"第 X 页共 Y 页"	选择"插入"|"自动图文集"|"页眉/页脚"|"第 X 页共 Y 页"命令
试题 28　使用自动图文集，添加词条为"计算机职称考试"	参见"2.2.6 使用自动图文集"
试题 29　利用对话框，将"计算机职称考试"词条删除	打开"自动图文集"对话框，选择词条后单击"删除"按钮
试题 30　要求进入页眉页脚编辑模式，然后在页脚中插入自动图文集"作者、页码、日期"	参见"2.2.6 使用自动图文集"中的"3. 在页眉和页脚中使用"
试题 31　使用域的功能，要求在当前光标位置处插入保存文件的日期，设置格式为"2011/9/21"	参见"2.2.7 插入域"
三、编辑文档	
试题 1　使用菜单命令，将所选中的文本删除	选择"编辑"|"清除"|"内容"命令
试题 2　使用菜单命令，将选中的文字复制到当前窗口的最下方	使用"编辑"|"复制"和"粘贴"命令
试题 3　使用菜单命令，将图片移动到最下方	使用"编辑"|"剪切"和"粘贴"命令
试题 4　使用工具栏按钮，将选中的文本移动到最后处	使用 ✂ 和 📋 按钮
试题 5　使用快捷键删除选中的文本，然后撤销操作，再恢复操作	按 Delete 键，然后再单击 ↺ 和 ↻ 按钮
试题 6　已知当前已经复制了文本内容，要求将它以"Microsoft Office Word 文档 对象"的形式粘贴到当前光标处	选择"编辑"|"选择性粘贴"命令，在列表框中选择"Microsoft Office Word 文档 对象"项，单击"确定"按钮
试题 7　使用菜单命令打开剪贴板	选择"编辑"|"Office 剪贴板"命令
试题 8　使用任务窗格打开剪贴板，然后将"2.难点：托物寓情的写法。"粘贴到当前光标处	单击任务窗格的标题栏，选择"剪贴板"，然后单击需要粘贴的内容

试　　题	解　　析
试题 9　要求通过设置剪贴板，使得按 Ctrl+C 两次后显示 Office 剪贴板	在"剪贴板"上单击"选项"按钮，选中"按 Ctrl+C 键两次后显示 Office 剪贴板"
试题 10　在当前光标位置处，插入保存在"我的文档"中的"早发白帝城.doc"文件	选择"插入"|"文件"命令
四、应用超链接	
试题 1　为当前文档中选中的文本设置超链接，要求链接到"我的文档"中的"合同.doc"	参见"2.4.1 设置超链接"
试题 2　为当前选中的文本设置超链接，要求链接到本文档中的书签"一"	参见"2.4.1 设置超链接"
试题 3　在当前文档中，为选中的文本设置超链接，要求链接到"http://www.baidu.com"，设置屏幕提示为"百度"	参见"2.4.1 设置超链接"
试题 4　将当前文档中的超链接取消	参见"2.4.2 删除和修改超链接"
试题 5　利用右键菜单对文档中的超链接进行重新编辑，要求链接到"最新版的合同.doc"	参见"2.4.2 删除和修改超链接"
五、查找、替换和信息检索	
试题 1　要求使用菜单命令，在文档中查找前 2 处出现的"甲方"	参见"2.5.1 查找文本"
试题 2　要求使用菜单命令，将文档中的"甲方"全部替换为"乙方"	参见"2.5.2 替换文本"
试题 3　要求将当前文档中的所有文本"甲方"删除	打开"查找与替换"对话框的"替换"选项卡，输入"查找内容"为"甲方"，"替换为"保持为空，单击"全部替换"按钮
试题 4　要求在文档中查找所有单倍行距的文本，突出显示找到的文本	在"查找与替换"对话框中单击"高级"按钮，单击"格式"|"段落"，选择"行距"为"单倍行距"，选中"突出显示所有在该范围找到的项目"复选框，然后查找全部
试题 5　要求将文档中所有的文本"甲方"，设置为隶书、三号字、红色	输入"查找内容"和"替换为"均为"甲方"，将光标定位于"替换为"中，选择"格式"|"字体"命令，进行设置，设置完后单击"全部替换"按钮
试题 6　要求将文档中所有的字体颜色为蓝色的文本设置为黑色	将光标定位于"查找内容"中，设置字体颜色为蓝色，将光标定位于"替换为"中，设置字体颜色为黑色，单击"全部替换"按钮
试题 7　使用信息检索，将文字"合同"翻译成英文	打开"信息检索"任务窗格，在"搜索"文本框中输入"合同"，单击➡按钮
六、拼写与语法	
试题 1　在当前文档中，要求关闭拼写和语法检查功能	打开"选项"对话框，取消选中"键入时检查拼写"和"键入时检查语法"复选框
试题 2　要求在检查拼写时，不检查语法	打开"选项"对话框，取消选中"随拼写检查语法"复选框
试题 3　通过设置，要求启动检查拼写功能，并且仅能根据主词典提出更正建议	打开"选项"对话框，选中"键入时检查拼写"和"仅根据主词典提供建议"复选框

试　题	解　析
试题 4　在当前文档中，要求使用菜单命令检查语法错误，对第一个找到的错误查看解释	选择"工具"|"拼写和语法"命令，单击"解释"按钮
试题 5　在当前文档中，要求使用菜单命令检查语法错误，对第一个错误忽略一次	选择"工具"|"拼写和语法"命令，单击"忽略一次"按钮
试题 6　在当前文档中，要求使用菜单命令检查语法错误，全部忽略	选择"工具"|"拼写和语法"命令，单击"全部忽略"按钮
七、审阅与统计	
试题 1　为当前所选的文字添加批注，内容为"请回复意见。"	参见"2.7.1 批注文档"
试题 2　使用工具栏，设置删除的文字以批注的方式显示	在"审阅"工具栏上单击"显示"按钮，选择"选项"命令，在"批注框"中选择"总是"
试题 3　使用菜单命令，设置批注框占页面宽度的 20%	选择"工具"|"选项"命令，选择"修订"选项卡，在"批注框"中设置"度量单位"为"百分比"，输入"指定宽度"为"20%"
试题 4　在当前文档中，要求进行修订，将正文第一行中的"单为"改成"单位"	参见"2.7.2 修订文档"
试题 5　使用工具栏进行设置，设置修订时删除内容的颜色为黄色	在"审阅"工具栏上单击"显示"按钮，选择"选项"命令，选择"删除内容"中的"颜色"为"黄色"
试题 6　使用工具栏进行设置，要求修订过程中，插入的文字采用双下划线标记	在"审阅"工具栏上单击"显示"按钮，选择"选项"命令，选择"插入内容"为"双下划线"
试题 7　在当前文档中进行操作，要求与"桌面"上的"合同（新版本）.doc"进行比较合并，合并时取消精确比较，合并结果显示在新文档中	参见"2.7.4 比较并合并文档"
试题 8　在当前文档中，要求查看它的统计信息	打开"属性"对话框的"统计"选项卡
试题 9　统计当前文档中所选内容的字数	选择"工具"|"字数统计"命令

第3章 字符的格式化

考试基本要求

掌握的内容：

◆ 字体、字形、字号、颜色、下划线
   的设置；
◆ 上标、下标、阴影、空心、阳文、
   阴文等字体静态效果及动态效果的
   设置；
◆ 字符间距的设置；
◆ 字符底纹和边框的设置；
◆ 简繁转换、英文大小写转换。

熟悉的内容：

◆ 字符缩放的设置；
◆ 为字符添加拼音和圈号。

了解的内容：

◆ 字符的提升或降低；
◆ 纵横混排、合并字符、双行合一。

　　本章讲述了设置字符格式、修饰字符和
设置中文版本三大方面的知识。
　　具体包括设置文字的字体、字形、字号、
颜色、效果等，设置字符的间距、简繁体之
间的转换和字母大小写之间的转换，设置字
符的边框和底纹，为字符添加拼音、圈号，
合并字符等。

3.1　设置字符

设置字符包括设置文字的字体（包括文字的字体、字形、字号等）、字符间距、文字效果，以及简繁体和字母的大小写转换。

设置字符的方法有如下两种：使用"格式"工具栏、使用"字体"对话框。

◆ 打开"格式"工具栏：在默认情况下，"格式"工具栏处于打开状态，如果没有打开，可以选择"视图"|"工具栏"|"格式"命令，或者用鼠标右击工具栏，在弹出的快捷菜单中选中"格式"命令。

◆ 打开"字体"对话框：选择"格式"|"字体"命令，或者用鼠标右击文档或选中的字符，在弹出的快捷菜单中选择"字体"命令。

3.1.1　字体、字号和字形

字体是指文字的风格样式，如宋体、楷体、隶书等；字形是指倾斜和加粗方面的设置；字号是指文字的大小，除此之外，还可以设置文字的颜色、文字的下划线等，这些都是字符的基本属性。

1．设置字体和字号

字体包括中文字体和英文字体，在默认情况下，输入的中文采用的是宋体，字号为五号，输入的英文采用的是 Times New Roman，字号为五号。

✍提示：在 Windows 中有一些内置的字体，如果需要用其他的字体，用户需要自己安装，方法是从控制面板中打开"字体"窗口，然后将字体文件复制到窗口中。

方法 1：使用"格式"工具栏。
步骤 1　在文档中选中需要设置格式的文字。
步骤 2　在"格式"工具栏上打开"字体"和"字号"下拉列表，在其中选择需要的字体和字号，如图 3-1 所示。

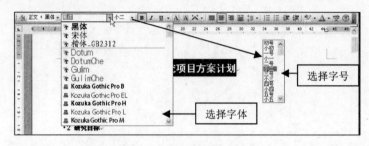

图 3-1　设置字体和字号

方法 2：使用"字体"对话框。
步骤 1　在文档中选中需要设置格式的文字，打开"字体"对话框。

步骤 2　在对话框中选择"字体"选项卡，如图 3-2 所示，按照图示，在"中文字体"下拉列表中选择一种中文字体，在"西文字体"下拉列表中选择一种西文字体，在"字号"下拉列表中选择一种字体大小，设置完后单击"确定"按钮。

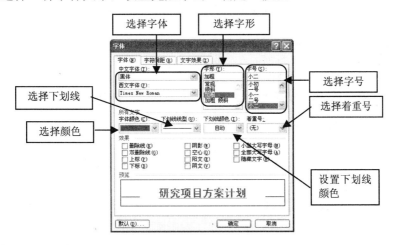

图 3-2　"字体"对话框

✍**提示：** 在设置了"中文字体"和"西文字体"后，所选文本中凡是中文的文字，其字体将被设置为"中文字体"；凡是英文的文字，其字体将被设置为"西文字体"。

2．设置字形

设置字形是指设置一种修饰效果，包括"加粗"、"倾斜"、"加粗 倾斜"，设置方法如下。

方法 1：使用"格式"工具栏。

选中文字后，在"格式"工具栏上单击 **B** 按钮，使按钮处于按下状态，可以使文字加粗显示，再按一下，可以取消加粗处理；按下 *I* 按钮，可以使文字倾斜，再按一下，则恢复正常。

方法 2：使用"字体"对话框。

如图 3-2 所示，在"字形"列表框中包括"常规"、"加粗"、"倾斜"、"加粗 倾斜"，在其中选择即可。图 3-3 所示为设置了加粗和倾斜的效果。

✍**提示：** "常规"是指不作加粗和倾斜处理；"加粗 倾斜"是指既加粗又倾斜。

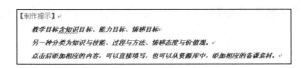

图 3-3　加粗和倾斜效果

3．设置文字颜色

在默认情况下，文字的颜色为黑色，用户可以将其设置为其他颜色，如红色、蓝色、黄色等。

方法 1：使用"格式"工具栏。

选中文字后，在"格式"工具栏上单击"字体颜色"按钮 右侧的下拉箭头 ，在弹出的下拉列表中选择颜色，如图 3-4 所示。

提示：在颜色列表框中，选择"其他颜色"命令，用户可以自定义颜色。

方法 2：使用"字体"对话框。

在"字体"对话框中，打开"字体颜色"下拉列表，在其中选择需要的颜色。

4．添加下划线

在默认情况下，输入的文字是不带下划线的，用户可以为其设置各种颜色的下划线效果。

方法 1：使用"格式"工具栏。

在"格式"工具栏中单击 按钮，可以为所选文字添加下划线，打开该按钮的下拉列表，在其中可以选择下划线线型，如图 3-5 所示；在下拉列表中选择"下划线颜色"项，在弹出的子菜单中可以选择颜色。

图 3-4　设置文字的颜色　　　　　　　　　　图 3-5　设置下划线

提示：在图 3-5 所示的下拉列表中选择"其他下划线"命令，弹出"字体"对话框，在"下划线线型"下拉列表中可以选择更多的线型。

方法 2：使用"字体"对话框。

在"字体"对话框中，在"下划线线型"下拉列表中可选择下划线的线型；在"下划线颜色"下拉列表中可以选择下划线的颜色。

提示：选中带下划线的文字后，在"格式"工具栏上单击 按钮，使该按钮处于没有被按下状态，可以取消下划线，也可以在"字体"对话框中，选择"下划线线型"为"(无)"。

3.1.2　设置文字的效果

在"字体"对话框的"效果"选项组中，可以设置文字的各种效果，如添加删除线、设置上标和下标、设置阴影、设置空心、设置阳文和阴文等。

1．设置上标和下标

上标和下标常常应用于一些数学公式中，如"$Y^2=X_1^2+ X_2^2$"，设置上标和下标的操作如下。

步骤 1 选中需要设置为上标或下标的字符，打开"字体"对话框。

步骤 2 在对话框的"效果"选项组中选中"上标"或"下标"复选框，如图 3-6 所示。

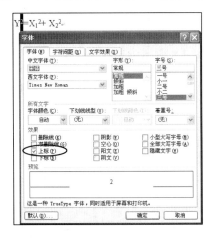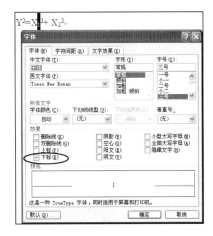

图 3-6 设置上标和下标

✍**提示**：单击"格式"工具栏右侧的"工具栏选项"按钮，可以添加"上标"和"下标"按钮；当要取消效果时，选中字符后在"字体"对话框中取消选中相应的复选框即可。

2．设置字体效果

在"字体"对话框的"效果"选项组中，还可以设置其他效果，包括"删除线"、"双删除线"、"阴影"、"空心"、"阳文"、"阴文"、"大型大写字母"、"全部大写字母"和"隐藏文字"，设置方法与设置"上标"和"下标"是一样的，首先选中文字，然后选中相应的复选框即可，要取消效果时则取消选中。其中"阳文"表示为文字设置一种浮雕效果，"阴文"表示为文字设置一种嵌入平面的效果。

3．设置动态效果

上面介绍的是为文字添加静态效果，用户还可以为所选的文字添加动态效果，操作如下。

步骤 1 选中文字后，打开"字体"对话框。

步骤 2 在对话框中选择"文字效果"选项卡，在"动态效果"列表框中选择需要的动态效果，如图 3-7 所示，如"赤水情深"、"礼花绽放"等，在下方的"预览"中可以预览动态效果，选择完后单击"确定"按钮。

图 3-7 设置动态效果

3.1.3　设置字符间距

设置字符间距是指设置字符之间的疏密程度，包括缩放、间距和位置的设置。

1．设置缩放和间距

方法 1：使用"格式"工具栏。

选中需要设置的字符，在"格式"工具栏上单击"字符缩放"按钮 右侧的下拉箭头 ，在弹出的下拉列表中可以选择缩放比例，图 3-8 所示为选择"150%"后的效果。

✍ **提示**：在下拉列表中选择"其他"命令，可以自己输入缩放比例的数值。

方法 2：使用"字体"对话框。

步骤 1　打开"字体"对话框，选择"字符间距"选项卡。

步骤 2　在"缩放"中可以输入或选择一种缩放比例；在"间距"中可以选择"加宽"或"紧缩"项，也可以在右侧的"磅值"文本框中输入具体的间距值，如图 3-9 所示，设置完后单击"确定"按钮。

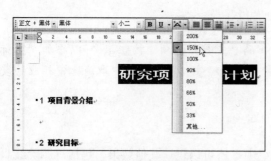
图 3-8　设置缩放比例

图 3-9　设置"缩放"和"间距"

2．设置位置

文字的位置包括"提升"和"降低"，是指以基准线为基础，将所选文字升高或者降低，图 3-10 所示的标题"孔雀东南飞"应用了该效果。

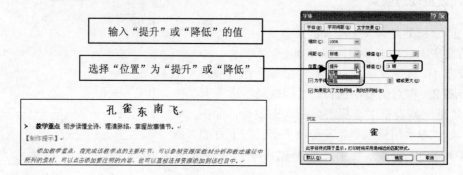
图 3-10　提升和降低文字

✎提示：选中文字，在"位置"下拉列表中选择"标准"，可以将文字设置为正常状态，即：既不提升，也不降低。

3.1.4　简体与繁体的转换

简体与繁体的转换是指将文档中的简体中文转换为繁体，或者将繁体中文转换为简体，操作方法如下。

方法 1：选中文本后，在"常用"工具栏上单击"中文简繁转换"按钮▣▪右侧的下拉箭头▾，在弹出的列表中可以选择"转换为简体中文"或"转换为繁体中文"，如图 3-11 所示。图 3-12 所示是转换为繁体后的效果。

图 3-11　选择简繁转换的命令　　　　　　　图 3-12　转换为繁体后的效果

方法 2：选中需要转换的文字，选择"工具"|"语言"|"中文简繁转换"命令，弹出"中文简繁转换"对话框，在其中选中"繁体中文转换为简体中文"或"简体中文转换为繁体中文"单选按钮，如图 3-13 所示，选择完后单击"确定"按钮。

3.1.5　大小写字母的转换

大小写字母的转换是指将大写的英文字母转换为小写，或者把小写的英文字母转换为大写，操作方法如下。

方法 1：选中文字后，打开"字体"对话框的"字体"选项卡，在"效果"选项组中选中"小型大写字母"或"全部大写字母"复选框。

方法 2：选中文字后，选择"格式"|"更改大小写"命令，弹出"更改大小写"对话框，如图 3-14 所示，选中相应的单选按钮。

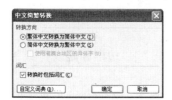

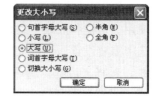

图 3-13　"中文简繁转换"对话框　　　　　图 3-14　"更改大小写"对话框

✎提示：按快捷键 Shift + F3，可以在三种状态之间切换，分别为全部大写、全部小写和首字母大写。

3.1.6　本节考点

本节内容的考点如下。
- ◆ 设置文字基本格式：考题包括设置中文字体和英文字体、设置字形（如加粗、倾斜）、设置文字的颜色和下划线等。
- ◆ 设置文字的效果：考题包括设置文字的上标和下标效果、设置"删除线"和"双删除线"、设置"阴影"和"空心"、设置"阳文"和"阴文"、设置动态文字效果等。
- ◆ 设置字符间距：考题包括设置缩放、设置间距、设置位置等。
- ◆ 简繁体和大小写转换：考题包括将简体转换为繁体、将繁体转换为简体、使用"字体"对话框转换英文的大小写、使用"更改大小写"对话框等。

3.2　修饰字符

用户可以为字符设置边框和底纹，使用"格式"工具栏可以完成简单的设置，如要设置各种颜色、边框线、图案等效果，则可以通过"边框和底纹"对话框来设置。

3.2.1　设置边框

方法 1：使用"格式"工具栏。

选中需要设置边框的文字，单击"格式"工具栏上的"字符边框"按钮，可为所选文本添加一种默认的边框，如图 3-15 所示。

图 3-15　设置边框效果

方法 2：使用"边框和底纹"对话框。

步骤 1　选中需要设置边框的文字，选择"格式"|"边框和底纹"命令，弹出"边框和底纹"对话框，选择"边框"选项卡。

步骤 2　在"设置"选项组中可选择一种边框样式；在"线型"列表框中可选择边框的线型；在"颜色"下拉列表中可选择边框的颜色；在"宽度"下拉列表中可选择边框的宽度，如图 3-16 所示。

✐提示：在"设置"选项组中，选择"无"，可去除所选文字的边框。

图 3-16　设置边框

步骤 3　设置完后单击"确定"按钮，图 3-17 所示为添加的一种"阴影"样式的边框效果。

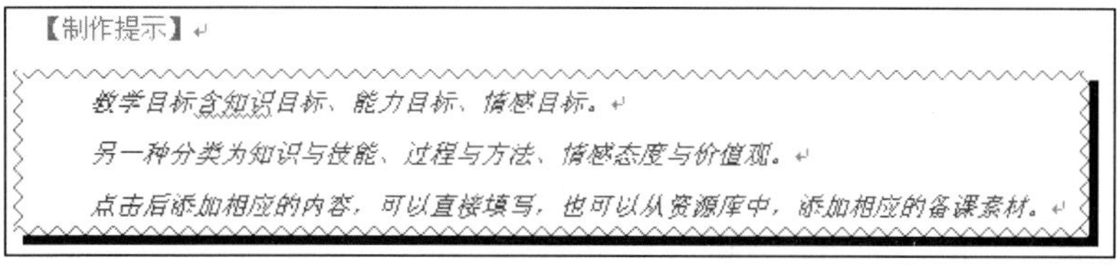

图 3-17　为所选文字添加边框

3.2.2　设置底纹

方法 1：使用"格式"工具栏。

在文档中选中文本，在"格式"工具栏上单击"字符底纹"按钮 ▣，可以为所选文本添加默认的底纹效果，效果如图 3-18 所示。

图 3-18　设置文字的底纹

方法 2：使用"边框和底纹"对话框。

步骤 1　选中文字后打开"边框和底纹"对话框，选择"底纹"选项卡，如图 3-19 所示。

步骤 2　在"填充"选项组中可选择底纹的颜色，在"样式"下拉列表中可以选择填充到文字背景中的图案，在"颜色"下拉列表中可以选择所选图案的颜色。

步骤 3　设置完后单击"确定"按钮，图 3-20 所示为设置的一种底纹效果。

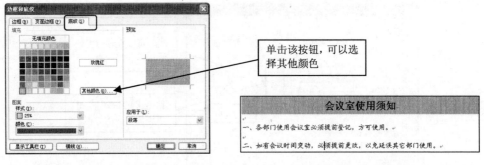

图 3-19　设置底纹　　　　　　　　　　图 3-20　设置的底纹效果

✍提示：在对话框的"应用于"中可以选择所设置效果应用的范围，可以选择"段落"或"文字"；在"填充"选项组中选择"无填充颜色"，并在"样式"中选择"清除"，可以将所选文字的底纹去除。

3.2.3　本节考点

本节内容的考点如下：用"格式"工具栏设置底纹和边框、用"边框和底纹"对话框设置底纹和边框、取消边框和底纹的方法等。

3.3　设置中文版式

中文版式包括"拼音指南"、"带圈字符"、"纵横混排"、"合并字符"和"双行合一"，可以通过选择"格式"|"中文版式"中的命令来设置，如图 3-21 所示。

图 3-21　"中文版式"命令

3.3.1　添加拼音指南

用户可以为文档中的指定文本添加拼音效果，操作如下。

步骤 1　选中文字后，选择"格式"|"中文版式"|"拼音指南"命令，弹出"拼音指南"对话框，可以看到文字被添加了默认读音的拼音，如图 3-22 所示。

步骤 2　在"对齐方式"中可以选择拼音与文字的对齐方式，在"字体"中可设置拼音的字体，在"偏移量"中可以设置拼音离文字的距离，在"字号"中可设置拼音字体的大小。

步骤 3　设置完后单击"确定"按钮，图 3-23 所示为添加了拼音后的效果。

图 3-22　"拼音指南"对话框　　　　　　　　　　　图 3-23　添加的拼音效果

提示：如果要取消所选文字的拼音指南，可以再次打开"拼音指南"对话框，在其中单击 全部删除(V) 按钮。

3.3.2　设置带圈字符

设置带圈字符是指通过设置给所选的文字带上各种效果的圈号，如图 3-24 所示。
操作如下。

步骤 1　选中文字，选择"格式"|"中文版式"|"带圈字符"命令，弹出"带圈字符"对话框，如图 3-25 所示。

图 3-24　带圈的文字效果　　　　　　　　　　　　图 3-25　"带圈字符"对话框

步骤 2　在"样式"中可以选择添加圈号的方式，如选择"增大圈号"样式；在"文字"中可以输入需要带圈的字符，由于在打开对话框之前已经选中了字符，因此在这里显示了所选的字符；在"圈号"中可以选择一种圈号形状。

步骤 3　设置完后单击"确定"按钮。

提示：如果要取消文字的带圈符号，可以选中该文字，然后打开"带圈字符"对话框，在"样式"中选择"无"。

3.3.3　纵横混排

用户可以将文字设置为纵向和横向混排的效果，如图 3-26 所示，操作如下。

步骤 1　选中文字，选择"格式"|"中文版式"|"纵横混排"命令，弹出"纵横混排"对话框，如图 3-27 所示。

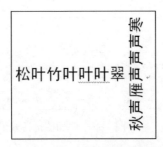 

　　图 3-26　纵横混排效果　　　　　　图 3-27　"纵横混排"对话框

步骤 2　在对话框中选中"适应行宽"复选框，表示所选文本经过混排后的宽度为当前所在行的行宽，完成后单击"确定"按钮。

✎**提示**：如果要取消纵横混排，那么可以选中文本，然后再次打开"纵横混排"对话框，在其中单击"删除"按钮。

3.3.4　合并字符

使用"合并字符"命令，可以将所选文字以双行显示，合并字符最多字符数只能是 6 个，可以插入到行中的任意位置。

例如选中图 3-28 所示的文字后，进行如下操作可实现合并字符的功能。

步骤 1　选择"格式"|"中文版式"|"合并字符"命令，弹出"合并字符"对话框，如图 3-29 所示。

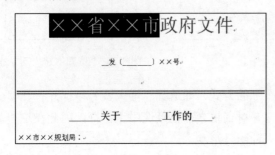

　　图 3-28　选中需要合并的文字　　　　　　图 3-29　"合并字符"对话框

步骤 2　在对话框中设置需"字体"和"字号"，设置完后单击"确定"按钮，效果如图 3-30 所示。

图 3-30　合并字符的效果

✍提示：在合并字符时，如果要求上、下标都只有 1 个字符，那么在 2 个字符前应输入 1 个空格；如果要求上标 1 个字符，下标 2 个或 3 个字符，那么在第 1 个字符前应输入 1 个空格；如果要求上标 3 个字符，下标 2 个字符，那么在最后的字符后应输入 1 个空格；如果要求无下标，那么在最后一个字符后应输入空格；如果要求无上标，那么在第 1 个字符前应输入空格。

3.3.5　双行合一

双行合一是指用双行的方式显示处于一行中的文字，操作如下。

步骤 1　选中需要合并的文字，或者将光标定位到需要输入文字的位置。

步骤 2　选择"格式"|"中文版式"|"双行合一"命令，弹出"双行合一"对话框，如图 3-31 所示。

步骤 3　如果事先选中了文字，那么将在"文字"列表框中会显示所选的文字；如果没有选中文字，那么可以在其中输入文字。

✍提示：如果用户需要自动将压缩后的文字包含在括号中，那么可以选中"带括号"复选框，在"括号样式"中可选择括号的样式。

步骤 4　设置完后单击"确定"按钮，图 3-32 所示为合并后的效果。

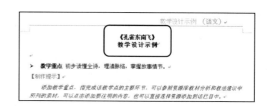

图 3-31　"双行合一"对话框　　　　　　图 3-32　合并后的效果

✍提示：如果要取消双行合一的效果，可以选中文字，然后打开"双行合一"对话框，在其中单击"删除"按钮。

3.3.6　本节考点

本节内容的考点如下：为指定文本添加拼音、为指定文本添加圈号、设置指定文本为纵横混排、合并指定文本、将指定文本双行显示、取消以上版式效果等。

3.4　本章试题解析

试　　题	解　　析
一、设置字符	
试题 1　在当前文档中，将所选文本的"中文字体"设置为"黑体"，"西文字体"为 Times New Roman	打开"字体"对话框，分别选择
试题 2　使用"格式"工具栏设置当前选中的文字，要求：黑体、四号、加粗、倾斜、红色	参见"3.1.1 字体、字号和字形"
试题 3　使用"格式"工具栏，为所选的文本添加双下划线	单击 U▾ 按钮右侧的下拉箭头，在列表中选择
试题 4　使用"字体"对话框，设置所选的文本的颜色为红色，并添加蓝色的波浪下划线	参见"3.1.1 字体、字号和字形"
试题 5　使用"字体"对话框，设置所选文本为黑体、四号、加粗、双删除线	参见"3.1.1 字体、字号和字形"和"3.1.2 设置文字的效果"
试题 6　将"X12+X22"设置为"$X_1^2 + X_2^2$"	利用"字体"对话框中的"上标"和"下标"
试题 7　在当前文档中，设置所选文本为"阴文"效果	在"字体"对话框中选中"阴文"复选框
试题 8　在当前文档中，使用"字体"对话框，设置所选文字为隶书、二号、空心效果，并加着重号	在"字体"对话框中分别选择
试题 9　利用"字体"对话框，要求删除所选文字的格式，这些格式为加粗、红色、双删除线、阴影	设置"字形"为"常规"，"字体颜色"为"自动"，取消选中"双删除线"和"阴影"复选框，确定后取消对文字的选择查看效果
试题 10　在当前文档中，为所选文字设置"七彩霓虹"动态效果	在"字体"对话框的"文字效果"选项卡中选择
试题 11　使用工具栏，设置当前所选文字的字符缩放为 150%	在"格式"工具栏上，打开 ☒▾ 按钮的下拉列表后选择
试题 12　使用对话框，设置当前所选文字的字符缩放为 150%	打开"字体"对话框的"字符间距"选项卡，在"缩放"中选择
试题 13　使用工具栏，为当前所选文字添加默认的下划线，设置字符缩放为 80%，设置颜色为红色	单击 U 按钮，打开 ☒▾ 按钮的下拉列表，选择"0%"，打开 A▾ 按钮的下拉列表，选择红色
试题 14　使用"字体"对话框为当前所选文字设置间距，要求为加宽，数值为 5 磅	打开"字体"对话框的"字符间距"选项卡，在"间距"中设置
试题 15　在当前文档中，将所选文字降低 5 磅	打开"字体"对话框的"字符间距"选项卡，在"位置"中设置

试　　题	解　　析
试题 16　在当前文档中，使用工具栏上的按钮，将所选文字转换为繁体	在"常用"工具栏上，打开▨·按钮的下拉列表后选择
试题 17　在当前文档中，将所选文字中的英文字符设置为小型大写字母	打开"字体"对话框的"字体"选项卡，选中"效果"中的"小型大写字母"复选框
试题 18　使用菜单命令，把所选的英文设置为大写（不能用"字体"对话框）	选择"格式"｜"更改大小写"命令
二、修饰字符	
试题 1　利用"格式"工具栏，为所选文字设置为黑体、18 号、添加字符边框和字符底纹	设置好字体和大小后，单击Ⓐ和Ⓐ按钮
试题 2　在当前文档中，为所选文本设置一种阴影边框效果，线型为波浪线，颜色为红色，其他为默认	参见"3.2.1 设置边框"
试题 3　在当前文档中，为所选文本设置一种底纹效果，要求颜色为红色，图案样式为 25%，图案颜色为黄色	参见"3.2.2 设置底纹"
三、设置中文版式	
试题 1　在当前文档中，为所选文字添加拼音	参见"3.3.1 添加拼音指南"
试题 2　在当前文档中，为所选文字添加增大圈号的效果，圈状为菱形	参见"3.3.2 添加带圈字符"
试题 3　在当前文档中，将所选文字设置为纵横混排，要求适应行宽	参见"3.3.3 纵横混排"
试题 4　在当前文档中，设置所选文字为合并效果	参见"3.3.4 合并字符"
试题 5　在当前文档中，将所选文字用双行方式显示	参见"3.3.5 双行合一"

第4章 使用段落样式

考试基本要求

掌握的内容：

◆ 应用内置的段落样式；

◆ 转换段落样式和取消段落样式；

◆ 添加项目符号或编号；

◆ 设置段落格式（包括对齐、缩进、行距、段前和段后间距等）。

熟悉的内容：

◆ 控制段落的换行和分页；

◆ 自定义项目符号或编号。

了解的内容：

◆ 显示、修改和比较段落格式的方法。

本章讲述了使用样式、设置段落格式、设置项目符号和编号这三方面的知识。

具体包括使用内置的样式，新建、修改和删除样式，设置段落对齐、缩进、行距、段前和段后间距，修改和比较格式，首字下沉，段落边框和底纹，换行和换页选项设置，添加和删除项目符号或编号，自定义项目符号或编号等。

4.1 使用样式

在 Word 2003 中内置了一些样式，如"标题 1"、"标题 2"、"标题 3"、"正文"等，用户可以通过选择来使用它们；当对样式不满意时，用户还可以对其进行修改，或者创建自己的样式。

4.1.1 样式的查看和应用

在打开的文档中，用户可以查看当前段落所应用的是何种样式效果，也可以为段落应用各种样式效果。

1. 样式的查看

在当前文档中查看样式的方法有两种：使用"格式"工具栏、使用"样式和格式"任务窗格。

方法 1：使用"格式"工具栏。

在"格式"工具栏上打开最左端的"样式"下拉列表中，可以查看当前文档中的样式，如图 4-1 所示；如果要查看文档中某段落用了哪种样式，可以将光标定位到该段落中，此时在"样式"下拉列表框中显示的即为该段落的样式，如图 4-2 所示。

图 4-1 "样式"下拉列表

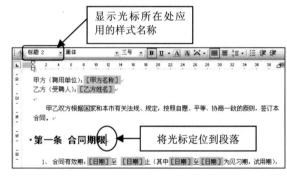

图 4-2 查看段落的样式

方法 2：使用"样式和格式"任务窗格。

在"样式和格式"任务窗格中可以查看各种样式效果，使用以下操作之一可以打开"样式和格式"任务窗格，如图 4-3 所示。

◆ 选择"格式"|"样式和格式"命令。

◆ 单击"格式"工具栏上最左端的"格式窗格"按钮。

◆ 打开任务窗格后，在其中切换到"样式和格式"任务窗格。

提示：将文档的视图切换到"普通视图"或"大纲视图"，选择"工具"|"选项"命令，打开"选项"对话框，选择"视图"选项卡，在"大纲视图和普通视图选项"选项

组的"样式区宽度"中输入值，如为"4 厘米"，确定后可在文档的左侧显示文档中的所有样式。

✍ 提示：在"样式和格式"窗格中，将鼠标指针移动到样式上，此时会显示该样式的具体格式参数。

在 Word 中内置的样式远不止这些，只是在默认情况下，许多内置样式都被隐藏起来了，用户可以查看并显示它们，操作如下。

步骤 1　在"样式和格式"窗格中，打开"显示"下拉列表，如图 4-4 所示，默认选中的是"有效格式"。

步骤 2　在下拉列表中选择"所有样式"项，可以将所有内置的样式显示在列表中，如图 4-5 所示。

图 4-3　打开"样式和格式"窗格

图 4-4　打开"显示"下拉列表

图 4-5　显示所有样式

✍ 提示：选择"自定义"项，可以打开"格式设置"对话框，如图 4-6 所示，在"可见样式"列表框中可以选中需要显示的内置样式，取消选中需要隐藏的样式。

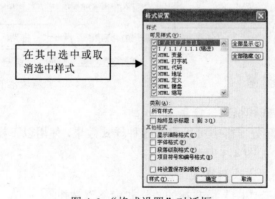

在其中选中或取消选中样式

图 4-6　"格式设置"对话框

2．应用样式

应用样式的方法与查看样式一样简单，只需将光标定位到段落中，或者选中段落，然后在"格式"工具栏的"样式"下拉列表中选择所需的样式，或者在"样式和格式"任务窗格中单击所需的样式即可。

4.1.2 批量转换样式

在文档中，用户可以将应用了某一样式的段落经过一次操作，替换成其他的样式，操作如下。

步骤 1 将光标定位到应用了要替换样式的任一段落中。

步骤 2 在"样式和格式"任务窗格中单击 全选 按钮，可以选中文档中应用了该样式的所有段落文字，如图 4-7 所示。

✍ **提示**：在"样式和格式"任务窗格中，单击样式右侧的下拉箭头，或者用鼠标右击样式，在弹出的快捷菜单中选择"选择所有×实例"命令，也可以将应用该样式的段落文字选中，如图 4-8 所示。

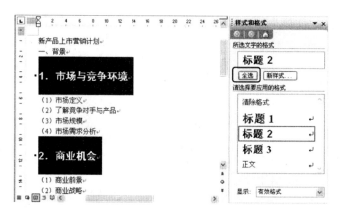

图 4-7 全部选中某样式的段落文字

图 4-8 选择应用样式的实例

步骤 3 选中段落文字后，在"格式"工具栏上，或者在"样式和格式"任务窗格中单击需要的样式。

4.1.3 修改和新建样式

用户可以对已有的样式进行修改，修改后，所有应用该样式的段落文字将会全部被更新；用户也可以创建自己的样式。

1．修改样式

步骤 1 在"样式和格式"任务窗格中，将鼠标指针指向样式，单击右侧出现的下拉箭头，在弹出的快捷菜单中选择"修改"命令，如图 4-8 所示。

✍ **提示**：用鼠标右击样式，在弹出的菜单中选择"修改"命令，也可以打开"修改样式"对话框。

步骤 2　弹出"修改样式"对话框，如图 4-9 所示，在其中可以进行如下操作。

◆ "名称"：输入样式的名称。

◆ "样式基于"：选择一种样式作为新建样式的基础，新建的样式将在此基础之上进行继续设置。

◆ "后续段落样式"：指定下一段落应用的样式，即该样式下的段落采用的样式。

◆ "格式"选项组：在其中可以设置字体、字号、加粗、倾斜、对齐等。

◆ "添加到模板"复选框：选中该复选框，表示将修改应用到基于同一模板新建的文档中。

◆ "自动更新"复选框：选中该复选框，表示当前文档中所有相同格式的段落都将被更新。

◆ "格式"按钮：单击"格式"按钮，在弹出的下拉列表中可以选择"字体"或"段落"命令，在弹出的对话框中设置格式，如图 4-10 所示。

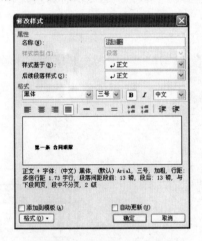
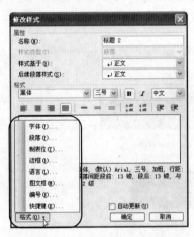

图 4-9　"修改样式"对话框　　　　　图 4-10　单击"格式"按钮

步骤 3　修改完后单击"确定"按钮，完成样式的修改，文档中所有应用了该样式的文字格式都将被自动更新。

✍**提示**：用户还可以采用另一种方法来修改样式，在文档中选中段落，直接更改它的格式，然后保持段落处于选中状态，在"样式和格式"任务窗格中，单击该段落样式右侧的下拉箭头，或用鼠标右击该样式，在弹出的菜单中选择"更新以匹配选择"命令。

2．新建样式

新建样式的方法有两种。

方法 1：在"样式和格式"任务窗格中单击 新样式... 按钮，弹出"新建样式"对话框，如图 4-11 所示，在其中设置样式，方法与修改样式中的设置是一样的。

方法 2：在文档中选中已经设置了各种格式的段落，然后在"样式和格式"任务窗格中单击 新样式... 按钮，此时同样弹出"新建样式"对话框，在对话框中已自动设置成了所选段落的格式，输入样式的名称后单击"确定"按钮。

✍提示：在默认情况下，"标题 1"的快捷键为 Ctrl+Alt+1，"标题 2"的快捷键为 Ctrl+Alt+2，"标题 3"的快捷键为 Ctrl+Alt+3，"正文"的快捷键为 Ctrl+Alt+N，用户可以在"修改样式"或"新建样式"对话框中，单击"格式"按钮，然后选择"快捷键"项，为样式自定义快捷键。

4.1.4　清除和复制样式

对于在文档中已应用了样式的段落，用户可以对其样式进行清除；对于有用的段落样式或格式，用户可以用"格式刷"将其样式或格式快速复制到其他位置。

1．清除样式

方法 1：选中需要清除样式的段落（或者将光标定位于段落中），在"格式"工具栏上打开"样式"下拉列表，选择"清除格式"项，如图 4-12 所示。

图 4-11　"新建样式"对话框　　　　图 4-12　选择"清除格式"项

方法 2：在"样式和格式"任务窗格中，单击"清除格式"项。
方法 3：在 Word 窗口的菜单栏中，选择"编辑"|"清除"|"格式"命令。

✍提示：在清除样式之前，也可以将光标定位于段落中，效果与选中段落文字是一样的；段落被清除样式后，将采用"正文"样式，因此清除样式的操作也可以将段落设置为"正文"样式。

2．用格式刷复制

用户可以利用"常用"工具栏上的"格式刷"按钮，将段落中的样式或格式，快速复制到文档的其他位置处，操作方法如下。
方法 1：复制段落格式。
步骤 1　将光标定位于需要复制格式的段落中，或者选中整个段落文字。

　　步骤 2　在"常用"工具栏上单击"格式刷"按钮（使该按钮处于被按下状态），可以复制光标所在位置的段落格式，此时鼠标指针变成形状，选中目标段落，即可将复制的格式应用到该段落中。

　　步骤 3　如果要连续使用"格式刷"，那么可以双击"格式刷"按钮，这样可以用"格式刷"连续选中目标段落，完成格式的复制。

　　✍**提示**：当选中目标文字时，如果选中的不是段落，而仅是段落中的文字，那么将会把复制的格式应用到选中的文字上；当完成复制操作后，可以再次单击"常用"工具栏上的"格式刷"按钮，或者按键盘上的 Esc 键，退出格式刷的使用，此时"格式刷"按钮处于未被按下的状态。

　　方法 2：复制文字的格式。

　　当仅要对段落中的某文字的格式进行复制后，可以首先选中该文字，然后再按下"格式刷"按钮，将其文字格式复制到其他位置的文字上。

4.1.5　本节考点

　　本节内容的考点如下：将指定的段落设置为指定的样式、显示 Word 内置的所有样式并应用、批量转换样式、修改指定的样式、新建一种样式、将指定段落的样式清除、复制段落样式到其他段落等。

4.2　设置段落格式

　　段落格式包括段落对齐、段落缩进、行间距、段落间距、段落边框和底纹等，用户可以在"格式"工具栏和"段落"对话框中进行设置。

　　打开"段落"对话框的方法：选择"格式"|"段落"命令；或者用鼠标右击，在菜单中选择"段落"命令。

4.2.1　设置段落对齐

　　段落对齐是指整个段落的内容相对于页面的对齐方式，包括左对齐、右对齐、居中、分散对齐、两端对齐等，在设置对齐之前，首先要将光标定位到需要设置的段落中，或者选中段落文字，设置方法如下。

　　方法 1：在"格式"工具栏上可以设置的对齐包括"两端对齐"按钮、"居中"按钮、"右对齐"按钮、"分散对齐"按钮，使用时用鼠标单击即可。

　　方法 2：打开"段落"对话框，选择"缩进和间距"选项卡，在"对齐方式"下拉列表中选择对齐方式，如图 4-13 所示。

　　图 4-14 所示为各种对齐方式的效果。

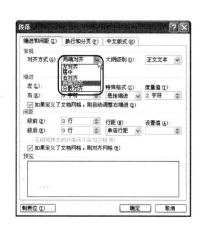

图 4-13 选择对齐方式

图 4-14 对齐效果

4.2.2 设置段落的缩进

段落的缩进是指文本与页边之间的距离，包括首行缩进、左侧缩进、右侧缩进和悬挂缩进。

✍提示：首行缩进是指段落第一行的缩进，对于非首行的文本缩进，可以使用悬挂缩进来设置。

设置缩进的常规方法有如下两种。

方法 1：利用标尺。

通过拖动标尺上的图标，可以设置段落的缩进，如图 4-15 所示。

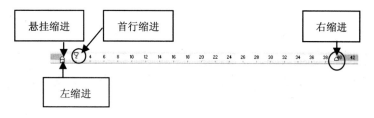

图 4-15 标尺的缩进图标

✍提示：在拖动缩进图标的同时按住 Alt 键，可平滑拖动缩进图标。

方法 2：使用"段落"对话框。

打开"段落"对话框，选择"缩进和间距"选项卡，如图 4-16 所示，在"缩进"选项组中可以设置各种缩进效果，在"左侧"文本框中可以设置左缩进的值，在"右侧"文本框中可以设置右缩进的值，在"特殊格式"下拉列表框中，可以选择"首行缩进"或"悬挂缩进"项，在其右侧则可以输入具体的缩进值。

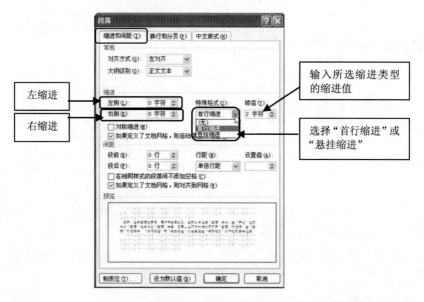

图 4-16 "段落"对话框

提示：把鼠标定位到段首，按键盘上的 Tab 键可实现首行缩进两个字符；把光标定位到段落中，按快捷键 Ctrl+T，可以实现悬挂缩进，每按一次缩进两个字符；按快捷键 Ctrl+M 可以实现左缩进；选中段落后，单击"格式"工具栏上的"减少缩进量"按钮和"增加缩进量"按钮，也可以设置段落的缩进。

4.2.3　设置行和段落的间距

行间距是指段落中行与行之间的距离；段落间距是指上下段落间之间的距离，分为段前间距和段后间距。

1．设置行间距

方法 1：选中需要调整行距的段落，在"格式"工具栏上打开"行距"按钮的下拉列表，在其中选择行距，如图 4-17 所示。图 4-18 和图 4-19 所示是选择"1.0"和"2.0"效果的对比。

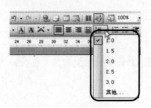

图 4-17　选择行距　　　　　　图 4-18　1 倍行距　　　　　　图 4-19　2 倍行距

提示：在图 4-17 所示的列表框中，选择"其他"命令，可以打开"段落"对话框，在其中自定义行间距。

方法 2：打开"段落"对话框的"缩进和间距"选项卡，在"行距"下拉列表中可以选择行距的形式，如图 4-20 所示，在右侧的"设置值"文本框中可以输入具体的数值。

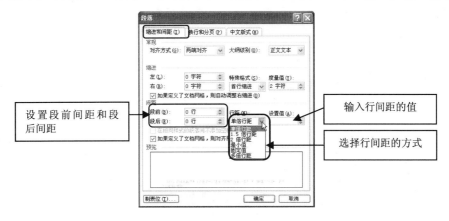

图 4-20　设置行间距

✍提示："单倍行距"是指行与行之间的距离为标准的 1 行；"最小值"是指当用户输入的值小于单倍行距时，使用单倍行距，当大于单倍行距，使用输入的值；"固定值"是指行与行之间的距离采用用户输入的实际值；"多倍行距"是指采用单倍行距的倍数。

2．调整段间距

打开"段落"对话框的"缩进和间距"选项卡，在"间距"选项组中的"段前"和"段后"中可以设置当前段落的段前间距和段后间距，默认均为"0 行"。

图 4-21 所示为设置"×市××局："段落的效果，其中"段前"为"3 行"，"段后"为"2 行"。

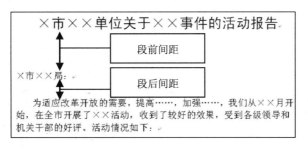

图 4-21　设置段落间距

4.2.4　显示格式

使用"显示格式"任务窗格，用户不但可以在其中查看所选文本的格式，还可以修改格式并与其他段落的格式进行比较。

1．查看和修改格式

步骤 1　将光标定位到需要查看格式的段落中，或者选择需要查看格式的文字。

✍提示：当将光标定位到需要段落中，查看的将是段落的格式，而选中文字的话，查看的将只是所选文本的格式，而不再是整个段落的格式。

步骤2　使用以下方法之一可以打开"显示格式"任务窗格，如图 4-22 所示。

◆　选择"格式"|"显示格式"命令。

◆　在打开的任务窗格中，切换到"显示格式"任务窗格。

步骤3　在"显示格式"任务窗格中，不但可以查看格式，还可以在其中单击呈蓝色显示的文字链接，然后在打开的对话框中设置格式。

步骤4　用鼠标右击"示例文字"项，或者单击该项右侧的下拉箭头，在弹出的菜单中可以选择"选定所有格式类似的文本"、"应用周围文本的格式"和"清除格式"命令，如图 4-23 所示。

图 4-22　"显示格式"任务窗格

2．比较段落格式

在"显示格式"任务窗格中，用户可以比较两个段落的格式。

步骤1　将光标定位在第一个段落文本中，在"显示格式"任务窗格中选中"与其他选定内容比较"复选框。

步骤2　将光标定位到第二个段落中，此时在任务窗格中会出现第二个"示例文字"，在"格式差异"列表框中显示了两个段落之间的格式差异，如图 4-24 所示。

图 4-23　"示例文字"下拉列表

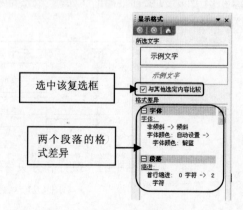

图 4-24　比较格式

✍提示：如果第二个段落要采用第一个段落的格式，选中第二个段落的文字后，单击第二个"示例文字"右侧的下拉箭头（或者右击第二个"示例文字"），选择"应用原来选定范围的格式"命令。

4.2.5　设置首字下沉

为了突出效果，用户可以设置段落中的首字下沉效果，如图 4-25 所示，操作如下。

步骤 1　选中段落中的首字，或者将光标定位于段落中。

步骤 2　选择"格式"|"首字下沉"命令，打开"首字下沉"对话框，如图 4-26 所示，在对话框中可以进行如下操作。

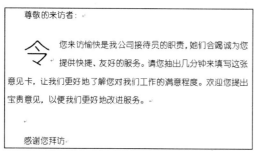

图 4-25　首字下沉效果　　　　　　　　图 4-26　"首字下沉"对话框

◆　在"位置"选项组中可以选择下沉的方式，如选择"下沉"或"悬挂"方式。

◆　在"选项"选项组中可以设置"字体"、"下沉行数"和"距正文"的距离。

✍ 提示：如果要取消首字下沉效果，可以将光标定位到段落中，然后打开"首字下沉"对话框，在"位置"选项组中选择"无"。

步骤 3　单击"确定"按钮即可得到首字下沉效果。

4.2.6　设置段落的边框和底纹

设置段落的边框与底纹，其方法与设置文字的边框与底纹是一样的，只是在这里选中的是整个的段落文字，而不再是段落中的某些文字。

✍ 提示：在为段落设置边框和底纹时，在"边框和底纹"对话框的"应用于"下拉列表中，选择的将是"段落"项，而不是"文字"项。

4.2.7　设置换行和分页

使用"段落"对话框中的"换行和分页"选项卡，可以设置段落的换行和分页。

步骤 1　选中需要设置分页的段落或选中全文，打开"段落"对话框的"换行和分页"选项卡，如图 4-27所示。

步骤 2　在其中可以选中或取消选中一些选项，具体如下。

◆　"孤行控制"：选中该复选框，表示当同一段落处于两页中时，如果该段落在当前页中的内容只有 1 行，那么该段落将完全放置到下一页。

◆　"与下段同页"：选中该复选框，表示将防止在

图 4-27　"换行和分页"选项卡

段落之间出现分页符，当前选中的段落与下一段落始终保持在同一页中。
- ◆ "段中不分页"：选中该复选框，表示将防止在段落中间出现分页符，如果当前页无法完全放置该段落，那么该段落内容将全部放置于下一页。
- ◆ "段前分页"：选中该复选框，表示在段的前面插入分页符。
- ◆ "取消行号"：选中该复选框，表示不在所选段落前出现行号。
- ◆ "取消断字"：取消对该复选框的选中，表示当单词过长而无法在行尾显示时，会自动将单词移动到下一行的开头而不是将其切断。

4.2.8　本节考点

本节内容的考点如下。
- ◆ 设置段落基本格式：考题包括段落的对齐方法（如左对齐、右对齐、居中等）、使用标尺设置缩进、使用"段落"对话框设置缩进、设置段落中的行距、设置段前间距和段后间距、使用"显示格式"任务窗格查看格式、使用"显示格式"任务窗格修改格式、使用"显示格式"任务窗格比较段落间的格式等。
- ◆ 设置其他段落格式：考题包括设置首字下沉、设置首字悬挂下沉、设置段落的边框和底纹、设置换行和分页等。

4.3　设置项目符号和编号

项目符号主要用于一些并列的条款中，例如本次会议记录的每一条要点，都可以用带项目符号的形式一一列出；编号用于具有前后顺序的条款中，如"1，2，3，…"、"A，B，C，…"等。

4.3.1　项目符号和编号的使用

用户可以为选中的段落添加项目符号或编号，在不需要的时候则可以将其删除。

1．添加项目符号或编号

为段落文字添加项目符号或编号的方法有如下两种。

方法 1：使用"格式"工具栏。

步骤 1　选中需要添加符号或编号的段落，或者将光标定位到段落中。

步骤 2　在"格式"工具栏上单击"项目符号"按钮 ▤，将为段落添加项目符号；单击"编号"按钮 ▤，将为段落添加编号，如图 4-28 和图 4-29 所示。

✍提示：单击"格式"工具栏上的按钮后，将采用的是最近一次使用过的项目符号和编号，用这种方法无法选择项目符号和编号的样式；如要取消项目符号或者编号，只需再次单击按钮即可。

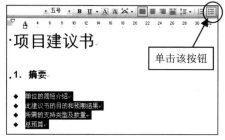

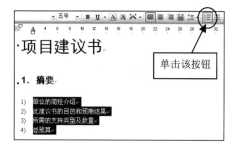

图 4-28　用工具栏添加项目符号　　　　　　图 4-29　用工具栏添加编号

方法 2：使用"项目符号和编号"对话框。

步骤 1　使用以下操作之一打开"项目符号和编号"对话框。

◆ 选择"格式"|"项目符号和编号"命令。

◆ 用鼠标右击段落或选中的段落，在弹出的快捷菜单中选择"项目符号和编号"命令。

步骤 2　选择"项目符号"选项卡，在其中可以选择项目符号的样式，如图 4-30 所示；选择"编号"选项卡，在其中可以选择编号的样式，如图 4-31 所示。

图 4-30　选择项目符号的样式　　　　　　图 4-31　选择编号的样式

步骤 3　设置编号时，用户可以进行重新编号或者继续编号，选中需要重新编号或继续编号的段落，然后打开图 4-32 所示的对话框，在"列表编号"选项组中选中"重新开始编号"单选按钮，单击"确定"按钮，可以对所选段落重新开始编号，如图 4-33 所示；选中"继续前一列表"单选按钮，则可以按照前面的编号续编。

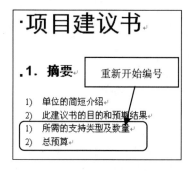

图 4-32　选中重新编号或续编　　　　　　图 4-33　重新编号的效果

✍**提示**：也可以用鼠标右击段落，在弹出的快捷菜单中选择"重新开始编号"或"继续编号"命令。

2．删除项目符号或编号

步骤 1　选中需要删除项目符号或编号的段落，打开"项目符号和编号"对话框。

步骤 2　选择"项目符号"选项卡，在其中选择"无"，单击"确定"按钮，可以删除所选段落中的项目符号。

步骤 3　选择"编号"选项卡，在其中选择"无"，单击"确定"按钮，可以删除所选段落中的编号。

✍**提示**：用户也可以将光标定位到段落的开始处，然后按键盘上的 Backspace 键，也可以删除项目符号或编号。

4.3.2　自定义项目符号和编号

用户可以按照自己的方式来设置项目符号和编号的样式。

1．自定义项目符号

步骤 1　选择段落文本，打开"项目符号和编号"对话框，选择"项目符号"选项卡。

步骤 2　在其中选择任一种项目符号样式，然后单击 自定义(T) 按钮。

步骤 3　此时弹出"自定义项目符号列表"对话框，如图 4-34 所示，在对话框中可以进行如下操作。

◆ 字体(F)... 按钮：单击该按钮可以打开"字体"对话框，用来设置项目符号的字体、颜色等。

◆ 字符(C)... 按钮：单击该按钮可以打开"符号"对话框，在其中可以选择作为项目符号的各种符号，如图 4-35 所示。

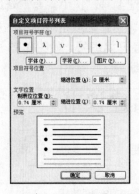
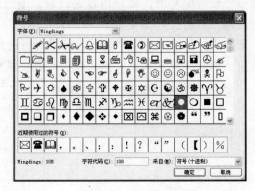

图 4-34　"自定义项目符号列表"对话框　　　　图 4-35　选择符号

◆ 图片(P)... 按钮：单击该按钮可以打开"图片项目符号"对话框，在其中可以选择作为项目符号的图片，如图 4-36 所示。

◆ "项目符号位置"选项组：在"缩进位置"文本框中可以输入项目符号与左页边距

的距离。

◆ "文字位置"选项组：在"制表位位置"文本框中可以输入符号与文字之间的距离值，在"缩进位置"文本框中可以输入其他行相对于首行的缩进距离值。

图 4-37 和图 4-38 所示是使用"笑脸"和"图片"作为项目符号的效果。

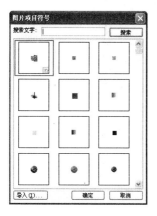

图 4-36 选择图片　　　图 4-37 用符号作为项目符号　　　图 4-38 用图片作为项目符号

2. 自定义编号

步骤 1 选中段落后打开"项目符号和编号"对话框，选择"编号"选项卡。

步骤 2 选择一种编号样式后单击 自定义(T)... 按钮，打开"自定义编号列表"对话框，如图 4-39 所示，在对话框中可以进行如下操作。

◆ "编号格式"：在其中可以输入要定义的编号格式，在编辑中应保持灰色阴影编号代码不变，根据实际需要在代码前后输入字符。例如，要将"A."、"B."、"C."这种编号改成"A)"、"B)"、"C)"，那么可以在其中，把"."改成")"，效果如图 4-40 和图 4-41 所示。

图 4-39 自定义编号　　　图 4-40 自定义编号（一）　　　图 4-41 自定义编号（二）

◆ "字体"按钮：单击该按钮，可设置编号的字体、字号、字体颜色、下划线等。

◆ "编号样式"：在其中可以选择一种编号样式，在右侧可以设置"起始编号"。

◆ "编号位置"：在其中可以设置编号在左页边距与文字的对齐方式。

◆ "文字位置"：在其中可以设置编号后的文字部分的制表位和缩进位置。

4.3.3　本节考点

本节内容的考点如下：添加项目符号或编号、删除项目符号和编号、将项目符号自定义为一种符号、将项目符号自定义为一种图片、自定义编号等。

4.4　本章试题解析

试　题	解　析
一、使用样式	
试题 1　使用菜单命令打开"样式和格式"任务窗格，然后将所选文本设置为"标题 1"样式	选择"格式"｜"样式和格式"命令，在任务窗格中单击"标题 1"样式
试题 2　使用"格式"工具栏，将文档中的第 2 个段落的样式设置为"标题 2"	将光标定位于第 2 段落，在"样式"下拉列表中选择"标题 2"
试题 3　将当前所选段落的样式设置为 Word 自带的"正文文本 2"	在"样式和格式"任务窗格中选择"所有样式"，然后单击"正文文本 2"
试题 4　将当前所选段落的样式设置为 Word 自带的"1.列表编号"	与上题操作类似
试题 5　将当前所选段落的样式设置为 Word 自带的"1/1.1/1.1.1"	与上题操作类似
试题 6　已知当前的光标处于应用了"标题 3"样式的段落中，要求全部选中应用该样式的段落，然后将其设置为"正文"样式	在"样式和格式"任务窗格中，单击"全选"按钮，然后再选择"正文"样式
试题 7　要求对当前段落采用的样式进行修改，依次设置：字体为黑体、四号、居中对齐、添加双下划线、自动更新	参见"4.1.3 修改和新建样式"中的"1. 修改样式"
试题 8　要求将当前所选的文字格式新建为一种样式，样式名称为"制作提示"	在"样式和格式"任务窗格中单击"新样式"按钮
试题 9　使用任务窗格，将当前所选文本的样式清除	在"样式和格式"任务窗格中单击"清除格式"
试题 10　使用菜单命令，将当前所选文本的样式清除	选择"编辑"｜"清除"｜"格式"命令
试题 11　将当前所选文本的格式，复制到"2. 商业机会"上	单击"格式刷"按钮，再单击"2. 商业机会"，设置完后取消对文字的选中
试题 12　在当前文档中，设置第 3 段落的样式为第 2 段落的样式	将光标定位到第 2 段落，单击"格式刷"，再单击第 3 段落
二、设置段落格式	
试题 1　使用按钮，将当前选中的段落设置为居中对齐	在"格式"工具栏上的单击▤按钮
试题 2　使用对话框，设置第一段落居中对齐，最后一段落为右对齐	分别将光标定位到段落中，然后在"段落"对话框中设置

试　　题	解　　析
试题 3　利用标尺，设置首段首行缩进两个汉字	拖动"首行缩进"图标
试题 4　利用标尺，设置所选多个段落的右缩进为两个汉字	拖动"右缩进"图标
试题 5　利用工具栏，设置所选段落的行距为 2 倍行距	打开 ⊞ 按钮的下拉列表，选择"2.0"
试题 6　利用"段落"对话框，将所选段落的行距设置为 3 倍行距	打开"段落"对话框，在"行距"中选择"多倍行距"，输入值为 3
试题 7　利用"段落"对话框，设置所选段落的段前间距为 2 行，段后间距为 2 行	在"段落"对话框中，分别在"段前"和"段后"中输入
试题 8　在当前窗口中，要求显示第 1 段落的格式	选择"格式"｜"显示格式"命令
试题 9　在当前窗口中，利用"显示格式"任务窗格，设置对齐方式为左对齐	在任务窗格中，单击"段落"下的"对齐方式"链接后设置
试题 10　在当前窗口中，比较第 1 段落和第 2 段落的格式差异	参见"4.2.4 显示格式"中的"2.比较段落格式"
试题 11　设置第 2 段落为首字下沉，下沉 2 行，距正文为 0.5cm	参见"4.2.5 设置首字下沉"
试题 12　设置第 2 段落为首字下沉，要求为悬挂下沉，下沉 2 行，距正文为 0.5cm	参见"4.2.5 设置首字下沉"
试题 13　将第 2 段落中的首字下沉效果取消	定位光标后，打开"首字下沉"对话框，在"位置"中选择"无"
试题 14　为所选段落设置边框，要求为阴影样式的双线，颜色为红色，宽度为"1 1/2 磅"	打开"边框和底纹"对话框，在"边框"选项卡中设置
试题 15　为当前所选的段落设置一种底纹，要求颜色为红色，底纹样式为"浅色网格"，颜色为黄色	打开"边框和底纹"对话框，在"底纹"选项卡中设置
试题 16　为当前所选的段落设置边框，要求线型为波浪线的边框，颜色为红色；设置底纹，要求颜色为"灰色–10%"，图案为"15%"，颜色为黄色	分别在"边框和底纹"对话框的"边框"选项卡和"底纹"选项卡中设置
试题 17　要求：清除当前所选段落的底纹	打开"边框和底纹"对话框，在"底纹"选项卡中选择"无填充颜色"，在"样式"中选择"清除"
试题 18　在当前文档中，设置所选段落为段中不分页，取消行号	在"段落"对话框中的"换行和分页"选项卡中选择
三、设置项目符号和编号	
试题 1　使用"格式"工具栏为当前所选的段落设置项目符号	单击 ⊟ 按钮
试题 2　为当前所选的段落添加项目符号，要求符号为菱形	打开"项目符号和编号"对话框的"项目符号"选项卡，在其中选择
试题 3　使用"格式"工具栏为当前所选的段落设置编号	单击 ⊟ 按钮
试题 4　为当前所选的段落添加项目符号，要求为"1)"、"2)"、"3)"这种样式	打开"项目符号和编号"对话框的"编号"选项卡，在其中选择

试　题	解　析
试题 5　将当前所选段落的项目符号删除	在"项目符号和编号"对话框的"项目符号"选项卡中，选择"无"
试题 6　将当前所选段落的编号删除	在"项目符号和编号"对话框的"编号"选项卡中，选择"无"
试题 7　为所选段落添加项目符号，要求符号为"笑脸"	打开"自定义项目符号列表"对话框，单击"字符"按钮进行选择
试题 8　为所选段落添加编号，要求为"I."、"II."、"III."这种形式	打开"自定义编号列表"对话框，在"编号样式"中选择
试题 9　将所选段落的编号修改为"A)"、"B)"、"C)"形式	参见"4.3.2　自定义项目符号和编号"中的"2. 自定义编号"

第 5 章　设置文档格式

考试基本要求

掌握的内容：
- ◆ 设置纸张方向、页边距和纸张大小；
- ◆ 分栏排版的设置；
- ◆ 添加分页符和分节符；
- ◆ 添加页眉和页脚的基本方法、首页不同页眉页脚的设置和添加、奇偶页不同页眉页脚的设置和添加。

熟悉的内容：
- ◆ 在文档中添加主题。

了解的内容：
- ◆ 页面版式的设置；
- ◆ 使用框架的操作；
- ◆ 在页眉或页脚中引用标题编号或标题文字；
- ◆ 在文档中添加背景和水印。

　　本章讲述了切分文档、设置页面、设置页眉和页脚，以及设置文档背景这几个方面的知识，具体包括使用分隔符切分文档、分栏排版、设置页边距和纸张、设置版面和边框、添加页眉和页脚、添加背景色等。

5.1　切分文档

切分文档是指为了便于管理，将文档划分成若干部分，包括换行、分页、分节、分栏、使用框架等。

5.1.1　使用分隔符

分隔符包括换行符、分页符、分节符等，在 Word 窗口中，选择"插入"|"分隔符"命令，可以打开"分隔符"对话框。

1．添加换行符

在文档中输入文本时，当输入满行时会自动换行，如果没有满行时需要主动换行，操作如下。

步骤 1　将光标定位于需要换行的位置处。

步骤 2　打开"分隔符"对话框，在"分隔符类型"选项组中选中"换行符"单选按钮，如图 5-1 所示，单击"确定"按钮，效果如图 5-2 所示。

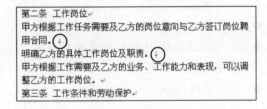

图 5-1　选中"换行符"单选按钮　　　　　　　　图 5-2　换行符号

✍提示：按快捷键 Shift+Enter 可快速换行；换行的位置处会出现↓符号，光标移动到下一行，换行后的文字依然属于同一个段落。

2．添加分页符

在编辑文档过程中，当输满一页时，Word 会自动插入一个分页符，开始新的一页，插入分页符是指在文档中的指定位置插入一个分页符，从而将该位置后面的内容划分到下一页中。

插入分页符的操作如下。

步骤 1　在文档中，定位光标到需要分页的位置，如图 5-3 所示。

步骤 2　使用以下方法之一插入分页符。

◆ 打开"分隔符"对话框，选中"分页符"单选按钮，单击"确定"按钮，即可将光标处后面的内容安排到下一页中，切换到"普通"视图，可以看到插入的分页符，如图 5-4 所示。

图 5-3 指定光标的位置　　　　　　图 5-4 插入的分页符

◆ 按快捷键 Ctrl+Enter。

✍ **提示**：在"页面"视图中，按下"常用"工具栏上的"显示/隐藏编辑标记"按钮⊡，或者在"选项"对话框的"视图"选项卡中，选中"格式标记"中的"全部"复选框，也可以显示分页符。

3．添加分节符

在没有分节的情况下，整个文档将作为一个节，对于同一文档中的不同部分，如目录、前言、各章节等，经常需要设置不同的版式效果，为此，用户可以将每一部分设置成一个节，这样在设置版式格式时将互不影响。

插入分节符的操作如下。

步骤 1 定位光标到需要插入分节符的位置，如图 5-5 所示。

步骤 2 打开"分隔符"对话框，在"分节符类型"选项组中有 4 个单选按钮，含义如下。

◆ "下一页"：选择该单选按钮，表示插入一个分节符并分页，光标后面的内容将从下一页开始，图 5-6 所示为插入的分页符（普通视图）。

◆ "连续"：选择该单选按钮，表示插入一个分节符，新一节在同一页开始。

◆ "偶数页"：选择该单选按钮，表示插入一个分节符，新一节从下一个偶数页开始。

◆ "奇数页"：选择该单选按钮，表示插入一个分节符，新一节从下一个奇数页开始。

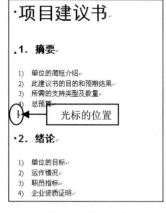

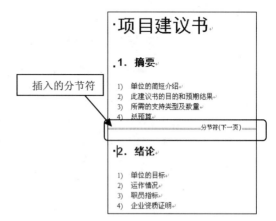

图 5-5 定位光标　　　　　　图 5-6 插入的分节符

4．删除分隔符

删除分隔符的操作如下。

步骤 1　在"页面"视图或"普通"视图中，选中分隔符所在的行，或将光标定位到分隔符的左侧。

步骤 2　按 Delete 键或选择"编辑"|"清除"|"内容"命令。

✍提示：当删除分节符时，将会删除上一节中设置的一些版式格式，然后采用下一节的格式。

5.1.2　使用分栏

在默认情况下，输入的文字采用一栏的方式，分栏是指将制定的文本按照一定的要求分成两栏、三栏等，方法如下。

方法 1：选中文本后，在"常用"工具栏上单击"分栏"按钮▤，在弹出的列表框中移动鼠标到所需的栏数后单击鼠标，如图 5-7 所示。

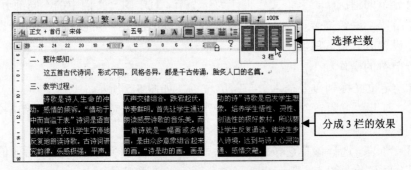

图 5-7　使用按钮分栏

方法 2：使用"分栏"对话框。

步骤 1　首先在文档中选中文本，然后选择"格式"|"分栏"命令，弹出"分栏"对话框，如图 5-8 所示。

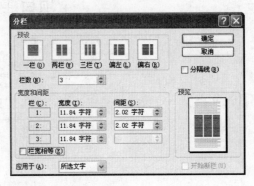

图 5-8　"分栏"对话框

步骤 2　在对话框中可以进行如下设置。

◆ "预设"：在其中可选择需要的分栏样式。

◆ "栏数"：在该文本框中可输入具体的栏数。

◆ "宽度和间距"：可以输入"宽度"和"间距"数值。

◆ "栏宽相等"复选框：选中该复选框，表示各栏等宽，取消对该复选框的选中，表示各栏不等，在"宽度"和"间距"文本框中可以输入各栏的宽度和间距值。

◆ "分隔线"复选框：选中该复选框，表示在各分栏间添加垂直分隔线。

◆ "应用于"：在该下拉列表框中可选择分栏的有效范围。

步骤 3　设置完后单击"确定"按钮。

5.1.3　使用框架

使用框架功能，可以将文档分成左右两部分，左侧是大纲，右侧是具体的内容，单击左侧的大纲，可以跳转到相应的内容，操作如下。

步骤 1　在文档中，选择"格式"|"框架"|"框架集中的目录"命令， 文档会分成两部分，如图 5-9 所示，左侧是文档的大纲，右侧是具体的内容，将文档另存为网页文件，如保存为"框架.htm"。

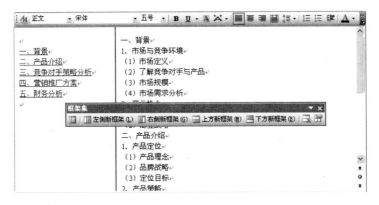

图 5-9　显示大纲和内容

✍ 提示：选择"格式"|"框架"中的命令，可以对框架进行操作，例如选择"删除框架"命令，可以删除光标位置处的框架。

步骤 2　将左侧框架中的文本复制到一个新文档中，粘贴的时候采用无格式文本，将新文档保存起来，如保存为"目录.doc"。

步骤 3　在框架集目录文档中，定位光标定位到右侧框架中，选择"格式"|"框架"|"框架属性"命令，弹出"框架属性"对话框，单击"浏览"按钮，选择刚保存的文档（"目录.doc"），选中"链接到文件"复选框，在"名称"中输入框架的名称，如图 5-10 所示，设置完后单击"确定"按钮。

✍ 提示：在"框架属性"对话框中，选择"边框"选项卡，在其中可以进行框架边框的设置。

步骤 4　保存文档后关闭，切换到保存的目录，用鼠标双击保存的网页文件（框架.htm），单击左侧框架中的链接，在右侧窗口中可以翻阅到该部分的内容，如图 5-11

所示。

图 5-10　设置框架属性　　　　　　　图 5-11　预览效果

5.1.4　本节考点

本节内容的考点如下：在当前位置插入分页符、在当前位置插入指定方式的分节符、设置等宽的分栏、设置不等宽的分栏、取消分栏、设置框架属性、删除框架等。

5.2　页面设置

在"页面设置"对话框中，可以完成有关页面方面的设置，包括设置纸张大小、纸张方向、页边距、页面边框、页面版式等。

选择"文件"|"页面设置"命令，可打开"页面设置"对话框，如图 5-12 所示。

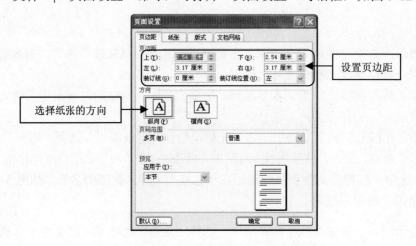

图 5-12　"页面设置"对话框

提示：在对话框中，单击左下角的"默认"按钮，可将设置变成 Word 中的默认设置。

5.2.1 设置页边距

页边距包括纸张方向，上、下、左、右页边距等，具体可在"页面设置"对话框的"页边距"选项卡中设置。

1．设置纸张方向

如图 5-12 所示，在"方向"选项组中，可以选择纸张的方向为"纵向"或"横向"，在默认情况下，新建的文档采用的是"纵向"纸张。

2．设置页边距

页边距是指文档上、下、左、右距离纸张边缘的距离，操作步骤如下。

步骤 1　打开"页面设置"对话框后选择"页边距"选项卡。

步骤 2　在对话框"页边距"选项组中可以设置如下参数，设置完后单击"确定"按钮。

◆ "上"：在该文本框中可输入正文距离纸张上边缘的距离。
◆ "下"：在该文本框中可输入正文距离纸张下边缘的距离。
◆ "左"：在该文本框中可输入正文距离纸张左边缘的距离。
◆ "右"：在该文本框中可输入正文距离纸张右边缘的距离。
◆ "装订线"：在该文本框中可设置装订线所需的页边距。
◆ "装订线位置"：在该下拉列表中可选择装订线的位置，可选择"左"或"上"。

✍提示：在对话框的"应用于"下拉列表中可以选择设置的范围，选择"整篇文档"，表示对文档中的所有页面有效，也可以选择"本节"或"插入点之后"。

5.2.2 设置纸张大小

在"页面设置"对话框的"纸张"选项卡中，可以设置纸张大小，如图 5-13 所示，操作如下。

✍提示：纸张大小的选择可根据文档的规范要求及打印时的纸张而定，在默认情况下选择的纸张为 A4 纸。

在"纸张大小"下拉列表中可选择纸张的规格，例如 A4、A3、B4 等；在"宽度"和"高度"中可以自定义纸张的大小。

5.2.3 设置页面版式

页面版式包括页眉和页脚距边界的距离、页面的垂直对齐方式，以及行号和边框设置等，在"页面设置"对话框的"版式"选项卡中进行设置，如图 5-14 所示。

图 5-13 "纸张"选项卡

图 5-14 "版式"选项卡

对话框中的参数说明如下。

◆ "节的起始位置"：在该下拉列表中可以选择开始新节的位置，包括"新建栏"、"新建页"、"偶数页"和"奇数页"。

◆ "奇偶页不同"和"首页不同"复选框：这两个复选框用来创建奇偶页不同或首页不同的页眉和页脚效果。

◆ "页眉"和"页脚"文本框：在文本框中可以输入页眉和页脚距边界的距离数值。

◆ "垂直对齐方式"：在该下拉列表中可以选择页面内容在上下页边距间的对齐方式，可以选择"顶端对齐"、"居中"、"两端对齐"和"底端对齐"4 个选项。

◆ "应用于"：在该下拉列表中可以选择所有设置的有效范围。

◆ "行号"按钮：单击该按钮，可以打开"行号"对话框，选中"添加行号"复选框，输入"起始编号"，可以为文档添加行号，如图 5-15 所示。

图 5-15 添加行号

◆ "边框"按钮：单击该按钮，可打开"边框和底纹"对话框，在其中可对页面设置边框效果。

5.2.4 设置页面边框

设置页面边框是指为文档中的每一页设置边框效果，具体可在"边框和底纹"对话框的"页面边框"选项卡中设置，如图 5-16 所示，打开该选项卡的方法如下。

　　方法 1：选择"格式"|"边框和底纹"命令，打开"边框和底纹"对话框，选择"页面边框"选项卡。

　　方法 2：在"页面设置"对话框的"版式"选项卡中，单击"边框"按钮。

　　设置方法与设置文字的边框是一样的，只是多出了一个"艺术型"下拉列表，用来选择一种艺术型边框。

　　✍️**提示**：在"页面设置"对话框中选择"文档网络"选项卡，如图 5-17 所示，在"网格"选项组中选中"指定行和字符网格"单选按钮，可以在"每行"和"每页"中输入每行的字符数和每页的行数，单击"绘制网格"按钮，弹出"绘制网格"对话框，在其中可以设置是否显示网格线。

图 5-16　页面边框设置

图 5-17　"文档网格"选项卡

5.2.5　本节考点

　　本节内容的考点如下：选择纸张的方向、设置页边距（包括上、下、左、右边距）、设置装订线的页边距和位置、设置纸张规格和大小、为文档设置行号、设置每行字数和每页行数、设置网格、设置页面边框等。

5.3　设置页眉和页脚

　　页眉和页脚通常用来设置文档的附加信息，如插入单位名称、单位微标、日期和时间、页码等。页眉位于页面的顶部，页脚位于页面的底部。

5.3.1　添加页眉和页脚

　　在添加页眉和页脚之前，首先需要进入其编辑状态，使用以下操作之一可以进入其编辑状态。

◆　用鼠标双击页眉或页脚处，可以进入页眉页脚编辑状态。

◆　选择"视图"|"页眉和页脚"命令。

提示：当要退出页眉和页脚的编辑状态时，可以用鼠标双击文档中的正文部分；或者在"页眉和页脚"工具栏上单击"关闭"按钮；或者选择"视图"|"页眉和页脚"命令。

进入页眉和页脚的编辑状态后，光标会在页眉或页脚中闪烁，也可以手动将光标定位到其中，然后输入文字或者插入图片，如图 5-18 所示。

图 5-18　输入页眉页脚

进入页眉和页脚的编辑状态后，会弹出"页眉和页脚"工具栏，如图 5-19 所示。工具栏上的按钮功能如下。

◆ 插入"自动图文集"(S) ▾：单击该按钮，可在弹出的下拉列表中选择需要插入的词条，如图 5-20 所示。

图 5-19　"页眉和页脚"工具栏　　　　　图 5-20　插入词条

◆ 📄：单击该按钮，可在光标位置处插入当前页码。
◆ 📄：单击该按钮，可在光标位置处插入页数。
◆ 📄：单击该按钮，可以设置页码格式。
◆ 📄：单击该按钮，可在光标位置处插入日期。
◆ 📄：单击该按钮，可在光标位置处插入时间。
◆ 📄：单击该按钮，可打开"页面设置"对话框。
◆ 📄：单击该按钮，可以显示或隐藏文档中正文的文字内容。
◆ 📄：单击该按钮，可在页眉或页脚间切换。
◆ 关闭(C)：单击该按钮，可退出页眉页脚的编辑状态。

5.3.2　设置首页的页眉和页脚

在文档中，首页的页眉和页脚可能与其他页是不一样的，例如文档的首页为封面，那么该页中的页眉和页脚可能与正文是不同的，如图 5-21 和图 5-22 所示，此时就可以使用

"首页不同"功能。

图 5-21　首页的页眉

图 5-22　其他页的页眉

操作如下。

步骤 1　在文档中打开"页面设置"对话框,选择"版式"选项卡,在"页眉和页脚"选项组中选中"首页不同"复选框,如图 5-23 所示,单击"确定"按钮。

步骤 2　进入页眉和页脚编辑视图,在首页中输入页眉和页脚,完成后退出页眉和页脚的编辑。

5.3.3　创建奇偶页的页眉和页脚

用户也可以为文档中奇偶页设置不同的页眉或页脚,操作如下。

步骤 1　打开"页面设置"对话框,选择"版式"选项卡,在"页眉和页脚"选项组中选中"奇偶页不同"复选框,如图 5-23 所示,单击"确定"按钮。

步骤 2　进入页眉和页脚的编辑视图,分别输入奇数页和偶数页的页眉页脚,完成后退出页眉和页脚的编辑。

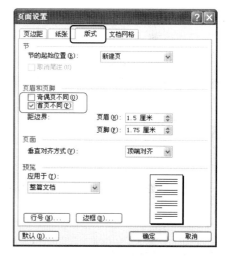

图 5-23　选中"首页不同"复选框

📎 **提示**:在"页眉和页脚"工具栏中,单击"显示下一项"按钮 🖳 和"显示前一项"按钮 🖳,可以在奇数页和偶数页之间跳转。

5.3.4　引用文档中标题

当文档中的标题设置了标题样式后,用户可以将其引用到页眉和页脚中,操作如下。

步骤 1　进入页眉页脚编辑状态,选择"插入"|"引用"|"交叉引用"命令,弹出"交叉引用"对话框。

步骤 2　在"引用类型"下拉列表中可选择引用内容的类型,如选择"标题"项;在"引用内容"下拉列表中可选择需要引入的文字内容,如选择"标题文字"项;在"引用哪一个标题"列表框中可以选择需要在页眉中显示的标题;如果不想让引入的文字为超链接格式,那么就取消选中"插入为超链接"复选框,如图 5-24 所示。

✍提示：在引用类型中，用户还可以选择"书签"、"脚注"、"尾注"等；在"引用内容"下拉列表中还可以选择"标题编号"、"页码"等。

步骤 3　设置完后单击"插入"按钮，可将引用的内容插入到光标所在处，如图 5-25 所示。

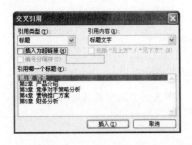

图 5-24　"交叉引用"对话框

图 5-25　在页眉用引用标题

5.3.5　本节考点

本节内容的考点主要集中在以下 3 点：为文档添加页眉和页脚、为文档添加首页不同的页眉和页脚、为文档添加奇偶页不同的页眉和页脚。

5.4　添加背景和水印

用户可以为文档设置背景和水印效果，还可以为文档设置"主题"效果，以使文档更加美观一些。

5.4.1　添加背景

用户可以为页面设置指定颜色的背景，还可以设置渐变、纹理、图案等背景效果，操作如下。

步骤 1　打开"格式"|"背景"菜单，在其中可以选择文档的背景色，如图 5-26 所示。

✍提示：选择"格式"|"主题"命令，可以为文档添加主题效果，主题为文档提供了设计方案，包括段落样式、标题样式、正文样式、背景色等。

步骤 2　在图 5-26 所示的菜单中，还可以选择其他命令，具体如下。

◆ "其他颜色"：选择该命令，弹出"颜色"对话框，在其中可以自定义一种背景色，如图 5-27 所示。

◆ "填充效果"：选择该命令，弹出"填充效果"对话框，在其中有 4 个选项卡，分别为"渐变"、"纹理"、"图案"和"图片"。

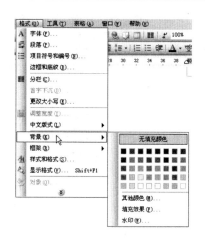

图 5-26　选择背景色

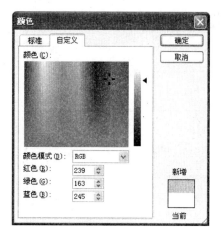

图 5-27　自定义颜色

> "渐变"选项卡：如图 5-28 所示，选中"单色"单选按钮可以设置单色填充；选中"双色"单选按钮可以设置从"颜色 1"到"颜色 2"的渐变色填充；选中"预设"单选按钮可以选择预设的渐变填充。

> "纹理"选项卡：如图 5-29 所示，在其中可以选择纹理效果。

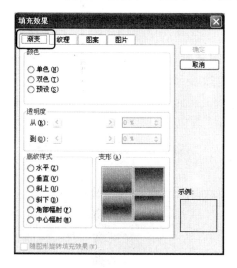

图 5-28　"渐变"选项卡

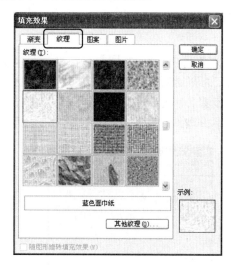

图 5-29　"纹理"选项卡

✍提示：如果对"纹理"标签下的文本框中提供的纹理不够满意，用户可以单击"其他纹理"按钮。

> "图案"选项卡：如图 5-30 所示，在其中可以选择图案样式，还可以设置图案的前景与背景颜色。

> "图片"选项卡：如图 5-31 所示，在其中单击"选择图片"按钮，可以选择外部图片文件作为文档的背景。

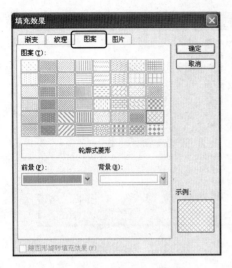

图 5-30 "图案"选项卡

图 5-31 "图片"选项卡

5.4.2 添加水印

选择"格式"|"背景"中的"水印"命令，可以为文档的背景设置水印效果，操作如下。

步骤 1 打开"水印"对话框，在其中选中"图片水印"单选按钮，单击"选择图片"按钮，可以选择一幅图片作为水印的图片，如图 5-32 所示。

步骤 2 选中"文字水印"单选按钮，如图 5-33 所示，在"文字"中可选择水印效果的文字内容，在其下方可以设置"字体"、"尺寸"、"颜色"和"版式"。

图 5-32 选中"图片水印"单选按钮

图 5-33 选中"文字水印"单选按钮

5.4.3 设置主题

使用选择"格式"|"主题"命令，用户可以为文档设置主题，主题是一种格式的设计方案，包括段落样式、标题样式、正文样式等，操作如下。

步骤 1 打开"主题"对话框，如图 5-34 所示。

步骤 2 在对话框的左侧可以选择多种主题，选中了一种主题后，可以在右侧窗口中预览效果，还可以通过选中"鲜艳颜色"、"活动图形"、"背景图像"复选框来添加其中的元素，图 5-35 所示为一种添加了"粗条形"主题的效果。

图 5-34　设置主题

图 5-35　主题效果

提示：单击对话框左下角的"设置默认值"按钮，可以将主题设置为默认的主题设置。

5.4.4　本节考点

本节内容的考点如下：为文档设置背景效果、为文档添加水印背景效果、为文档设置主题。

5.5　本章试题解析

试　　题	解　　析
一、切分文档	
试题 1　在当前光标的位置处，插入一个分页符	打开"分隔符"对话框，选中"分页符"单选按钮后确定
试题 2　在当前光标的位置处，插入一个分节符，并要求分页	打开"分隔符"对话框，在"分节符类型"中选中"下一页"单选按钮后确定
试题 3　利用菜单命令，将当前所选的文字设置为三栏排版，并带有分隔线	选择"格式"|"分栏"命令，选择"三栏"，选中"分隔线"复选框后确定
试题 4　将所选文字分为四栏显示，要求第一栏 6 个字符，第二栏 8 个字符，第三栏 10 个字符，并添加分隔线	选择"格式"|"分栏"命令后依次操作
试题 5　已知当前所选的文本采用了三栏排版，要求将其取消	打开"分栏"对话框，选择"一栏"后确定
试题 6　在当前文档中，要求将框架设置为无边框	选择"格式"|"框架"|"框架属性"命令，在"边框"选项卡中选择"无边框"
试题 7　要求将当前光标位置处的框架删除	选择"格式"|"框架"|"删除框架"命令

试　　题	解　　析
二、页面设置	
试题 1　对当前文档进行页面设置，要求选择方向为横向，纸张为 A3	打开"页面设置"对话框，在"页边距"选项卡中选择方向，在"纸张"选项卡中选择纸张
试题 2　对当前文档进行页面设置，要求上边距为 3cm，左边距为 4cm	在"页面设置"对话框的"页边距"选项卡中输入
试题 3　对当前文档进行页面设置，要求装订线的页边距为 1.5cm，选择装订线位置为上	在"页面设置"对话框的"页边距"选项卡中设置
试题 4　对当前文档进行页面设置，设置纸张宽度为 18cm，高度为 26cm	在"页面设置"对话框的"纸张"选项卡中输入
试题 5　对当前文档进行页面设置，要求为整片文档创建行号，选择连续编号	在"页面设置"对话框的"版式"选项卡中，单击"行号"按钮进行设置，注意需要选择"应用于"为"整篇文档"
试题 6　通过页面的设置，要求纸张为 B5 纸，"每行"为 28 字，"每页"为 30 行，并显示网格线	在"页面设置"对话框的"纸张"选项卡中，选择纸张为 B5，选择"文档网格"选项卡，选中"指定行和字符网格"单选按钮，输入"每行"为"28"，"每页"为"30"，单击"绘图网格"按钮，选中"在屏幕上显示网格线"复选框
试题 7　使用"页面设置"对话框打开页面边框设置的对话框，取消该对话框，再用"格式"菜单打开该对话框	在"页面设置"对话框的"版式"选项卡中，单击"边框"按钮，然后单击"取消"按钮，再选择"格式"|"边框和底纹"命令后选择"页面边框"选项卡
试题 8　为当前文档的所有页设置边框，要求为"阴影"类型，线型为波浪线，颜色为红色	参见"5.2.4 设置页面边框"
试题 9　为当前文档的所有页设置边框，具体为"绿树"	打开"边框和底纹"对话框的"页面边框"选项卡，在"艺术型"下拉列表框中选择
三、设置页眉和页脚	
试题 1　使用菜单命令进入页眉和页脚的编辑状态，在页眉中插入系统当前的日期	选择"视图"|"页眉和页脚"命令，在"页眉和页脚"工具栏上单击按钮
试题 2　要求使用工具栏转移到页脚的编辑，将文本"第页，共页"设置为"第×页，共×页"形式	单击"在页眉和页脚间切换"按钮，分别定位好光标位置，单击"插入页码"和"插入页数"按钮
试题 3　设置首页页眉和页脚不同	打开"页面设置"对话框中的"版式"选项卡，选中"首页不同"复选框
试题 4　要求设置页眉和页脚，首先设置奇偶页不同，然后设置页眉距边界为 3.0cm	在"页面设置"对话框的"版式"选项卡中设置
试题 5　当前文档已经设置了奇偶页不同的页眉和页脚，要求用工具栏切换到奇数页页眉的编辑	在"页眉和页脚"工具栏中单击"显示前一项"按钮
试题 6　要求设置奇偶页页眉不同，设置奇数页页眉为"项目建议书"，偶数页页眉为"第 1 章 背景"	首先设置奇数页的页眉，单击"页眉和页脚"工具栏上的"显示下一项"按钮，切换到偶数页页眉，然后输入
试题 7　为当前文档添加一种"边缘"主题	选择"格式"|"主题"命令，在其中选择

第6章 表格的应用

考试基本要求

掌握的内容：

◆ 插入表格、绘制表格、制作斜线表头；

◆ 为表格套用格式和自动调整；掌握添加行、列或单元格；

◆ 删除行、列或单元格；

◆ 合并或拆分单元格；

◆ 设置表格的边框和底纹；

◆ 为单元格中的内容设置格式；

◆ 设置表格属性。

熟悉的内容：

◆ 表格和文本的转换；

◆ 利用"表格和边框"工具栏设置表格线和底纹；

◆ 批量添加编号和项目符号；

◆ 表格内容的排序和计算。

了解的内容：

◆ 绘制或擦除表格线的方法。

本章讲述了创建表格、编辑表格和设置表格的格式三方面的内容，具体包括使用插入和绘制的方式创建表格、套用表格格式，添加和删除单元格、调整表格结构、对表格中的数据进行排序和计算，以及设置表格的属性等。

6.1　创建表格

表格是文档中除文字和图片之外最常用的内容，利用 Word，用户可以创建出各种表格效果，如报价表、采购表、调查表、收费单等，下面首先来介绍创建表格的方法。

6.1.1　插入表格

插入表格是指根据指定的行数和列数来生成表格，例如，图 6-1 所示的规则表格，使用插入表格的功能可以完成。

付款通知单

货物名称	数量	单位	单价	小计
总　计				

市场价格调查表

日期	地区	调查产品	供货商	单价	付款方式	进货量	日平均销售量	结论	调查员

图 6-1　插入的表格

插入表格的方法有两种。

方法 1：使用“常用”工具栏。

在“常用”工具栏上单击“插入表格”按钮，在弹出的列表中移动鼠标可指定表格的行数和列数，单击鼠标即可插入表格，如图 6-2 所示。

提示：如果在列表中的行数和列数不够用，那么可以按下鼠标拖动，拖动到需要的行数和列数时释放鼠标，即可在光标所在处插入表格。

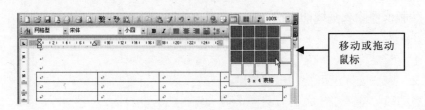

图 6-2　使用按钮插入表格

方法 2：使用“插入表格”对话框。

选择“表格”|“插入”|“表格”命令，弹出“插入表格”对话框，在“列数”中输入表格的列数，在“行数”中可输入表格的行数，如图 6-3 所示，确定后可以在光标处插入表格，如图 6-4 所示。

在“插入表格”对话框的“‘自动调整’操作”选项组中有 3 个单选按钮，功能如下。

◆ “固定列宽”：选中该单选按钮，可以在右侧的文本框中输入列宽，默认为“自动”，表示根据页面宽度调整表格列宽。

图 6-3　设置表格的列数和行数

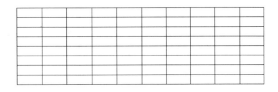

图 6-4　插入的表格

◆ "根据内容调整表格"：选中该单选按钮，表示行高和列宽会根据表格中的内容多少进行自动调整。

◆ "根据窗口调整表格"：选中该单选按钮，表示根据文档页面的宽度平均分配表格中的各列宽度。

6.1.2　绘制表格

使用"表格和边框"工具栏，用户可以手动绘制表格，对于绘制错误的或者不需要的边框，可以将其擦除，用这种方法比较适合绘制不规则的表格。

打开"表格和边框"工具栏的方法如下。

方法 1：选择"表格"|"绘制表格"命令。

方法 2：单击"常用"工具栏上的"表格和边框"按钮 。

方法 3：选择"视图"|"工具栏"|"表格和边框"命令。

图 6-5 所示为打开的"表格和边框"工具栏。

图 6-5　"表格和边框"工具栏

在工具栏中可以进行如下设置。

◆ "线型" 下拉列表：打开该下拉列表，在其中可选择绘制的线型。

◆ "粗细" 下拉列表：打开该下拉列表，在其中可以选择线型的粗细。

◆ "边框颜色"按钮 下拉列表：打开该下拉列表，在其中可以选择线型的颜色。

设置好线型后，绘制表格的操作如下。

步骤 1　在工具栏上单击"绘制表格"按钮，移动鼠标到文档中，指针变成笔形状。

步骤 2　拖动鼠标，可绘制出表格的外边框，如图 6-6 所示，在边框内以水平方向或垂直方向拖动鼠标，可以绘制出行和列，如图 6-7 所示。

图 6-6　绘制出表格的外边框

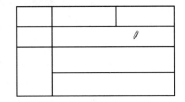

图 6-7　绘制出行和列

✍ 提示：按键盘上的 Enter 键或 Esc 键盘，或者移动鼠标到表格外单击，可以结束绘制。

步骤 3　当要擦除表格中的线条时，可以单击工具栏上的"擦除"按钮 ，把鼠标移动到表格上，指针变成 形状，在表格线上拖动鼠标，可删除指定的线，如图 6-8 所示。

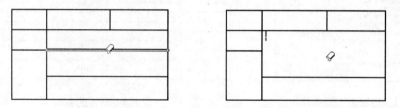

图 6-8　擦除表格线

6.1.3　绘制斜线表头

斜线表头用来表达表格中的行与列的字段含义，如图 6-9 所示，用户可以用直线工具来绘制斜线，也可以用"表格和边框"工具栏上的"绘制表格"按钮 来绘制斜线，而文本则可以用"文本框"的功能来添加。

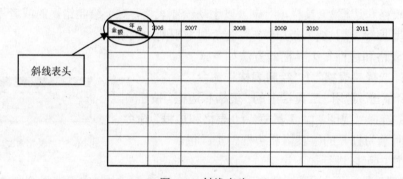

图 6-9　斜线表头

不过，使用上述方法都比较烦琐，用户可以用"绘制斜线表头"命令来制作，操作如下。

步骤 1　将光标定位到需要制作斜线表头的单元格中。

步骤 2　选择"表格"|"绘制斜线表头"命令，弹出"插入斜线表头"对话框，如图 6-10 所示，在对话框中可以进行如下操作。

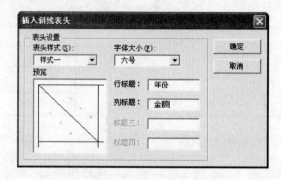

图 6-10　"插入斜线表头"对话框

◆ "表头样式"：在该下拉列表中可选择表头的样式，在预览中可以浏览该样式的效果。

◆ "字体大小"：在该下拉列表中可选择表头中文字的大小。

◆ "行标题"：在该文本框中可以输入表示行字段的文本。

◆ "列标题"：在该文本框中可以输入表示列字段的文本。

✍ 提示：在"表头样式"中可以选择各种样式，例如有的斜线表头中具有 2 条斜线，那么可以选择"样式二"、"样式三"或"样式四"。

步骤 3　单击"确定"按钮，完成斜线表头的制作。

6.1.4　套用格式

使用"表格自动套用格式"命令，用户可以快速地为表格设置各种格式效果，操作如下。

步骤 1　选中表格，关于选中表格的方法参见"6.2 编辑表格"。

步骤 2　使用以下操作之一打开"表格自动套用格式"对话框，如图 6-11 所示。

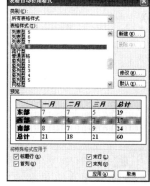

◆ 选择"表格"|"表格自动套用格式"命令。

◆ 单击"表格和边框"工具栏中的"自动套用格式样式"按钮 🔲。

步骤 3　在对话框中可以进行如下操作。

◆ "类别"：在该下拉列表中可选择需要显示的类别，例如选择"所有表格样式"项，可以显示所有样式。

图 6-11　选择需要套用的样式

◆ "表格样式"：在其中列出了各种表格样式，选择需要的样式，在"预览"中可浏览所选样式的效果。

◆ "将特殊格式应用于"：在其中用来设置所选样式的作用范围，可根据需要选中或取消选中复选框。

步骤 4　设置完后单击"应用"按钮，此时所选的表格将被套用该样式效果，图 6-12 所示为选择了"精巧型 1"样式后的效果。

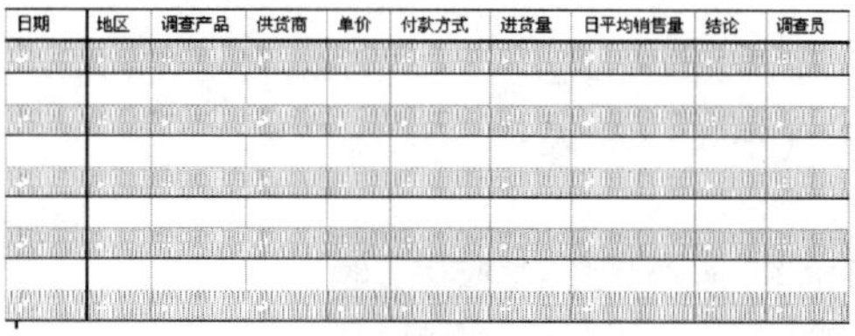

图 6-12　套用格式后的效果

✍ 提示：用户可以对所选样式进行修改，在"表格自动套用格式"对话框中单击"修改"按钮，弹出"修改样式"对话框，在其中即可修改各种格式。

6.1.5　批量添加编号或项目符号

用户可以为所选的单元格自动生成编号或项目符号，操作如下。

步骤 1　选中单元格，如果是整个表格的所有单元格都需要生成编号或项目符号，那么选中整个表格。

步骤 2　选择"格式"|"项目符号和编号"命令，在弹出对话框中选择一种编号或项目符号，如图 6-13 所示，单击"确定"按钮，可以完成编号或项目符号的添加，图 6-14 所示为生成的一种编号效果。

I.	II.	III.
IV.	V.	VI.
VII.	VIII.	IX.
X.	XI.	XII.
XIII.	XIV.	XV.

图 6-13　"项目符号和编号"　　　图 6-14　生成的一种编号效果

步骤 3　在表格中添加项目符号的操作方法是一样的，只需要在"项目符号和编号"对话框中选择"项目符号"选项卡，在其中选择需要的项目符号。

✍提示：如果需要添加默认的项目符号或编号，那么用户可以选中单元格后，在"格式"工具栏中单击"编号"按钮▤或"项目符号"按钮▤。

6.1.6　表格与文本的转换

用户可以将表格转换为文字，也可以将文字转换为表格。

1. 将表格转换为文字

步骤 1　选中表格，如图 6-15 所示。

步骤 2　选择"表格"|"转换"|"表格转换成文本"命令，弹出"表格转换成文本"对话框，如图 6-16 所示，在"文字分隔符"中可以选择转换为文字后单元格之间的文本隔开的方式，例如图 6-16 中选中了"制表符"单选按钮。

图 6-15　选中表格　　　　　图 6-16　"表格转换成文本"对话框

步骤 3　设置完后单击"确定"按钮，可将选中的表格转换为文字，如图 6-17 所示。

日期	地区	调查产品	供货商	单价	付款方式	进货量	日平均销售量	结论
2011-1-1	杭州	产品 a	商 A	30	汇款	200	30	不错
2011-2-1	北京	产品 b	商 B	45	现金	150	25	尚可
2011-3-1	上海	产品 c	商 C	25	汇款	350	40	很好
2011-4-1	深圳	产品 d	商 D	26	汇款	380	36	不错
2011-5-1	广州	产品 e	商 E	36	现金	400	38	不错
2011-6-1	重庆	产品 f	商 F	35	现金	260	45	很好
2011-7-1	成都	产品 g	商 G	28	汇款	180	30	不错
2011-8-1	大连	产品 h	商 H	32	汇款	360	25	尚可

图 6-17　从表格转换成的文字

2. 将文字转换为表格

步骤 1　首先准备好需要转换为表格的文本，如图 6-18 所示，在文本之间需要用分隔符隔开，分隔符包括逗号、制表符、空格等。

步骤 2　选择"表格"|"转换"|"文本转换成表格"命令，弹出"将文本转换成表格"对话框，如图 6-19 所示，设置需要转换的列数，指定一种文字分隔符号作为分列的位置标志，例如图 6-19 中选中的是"逗号"单选按钮，单击"确定"按钮，即可将所选文字转换成表格。

图 6-18　选中需要转换为表格的文字

图 6-19　设置文字转换成表格

6.1.7　本节考点

本节内容的考点如下：按照行数和列数创建表格、创建表格时套用格式、绘制表格、擦除指定的边框、将文本转换为表格、将表格转换为文本、在指定单元格中生成编号或符号、为表格套用格式等。

6.2　编辑表格

编辑表格包括设置表格的结构，以及编辑表格的内容、排序和计算等。

6.2.1　选中表格和单元格

选中表格是指选中整个表格（即所有单元格）。表格是由若干单元格组成的，其中的每个单元格都可以被单独编辑，在编辑之前需要选中该单元格，也可以同时选中多个单元格。

1．选中表格

方法 1：移动鼠标到表格上，或者将光标定位到表格的任意单元格中，此时表格的左上方出现控制柄田，单击它，可以选中整个表格。

方法 2：将鼠标指向表格的第一个单元格，按下鼠标后拖动到最后一个单元格，释放鼠标，即可选中整个表格。

提示：当要取消对表格或单元格的选择时，可以单击鼠标，即可取消选择。

2．选中单元格

方法 1：用鼠标在单元格中拖动，可选中任意多个单元格，如图 6-20 所示。

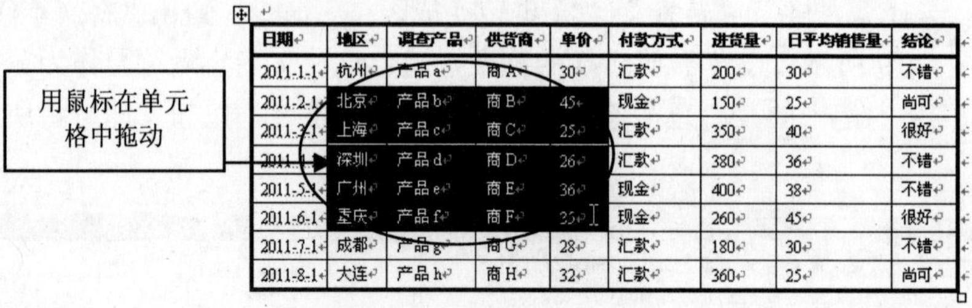

用鼠标在单元格中拖动

图 6-20　用鼠标拖动选中单元格

方法 2：选中单个单元格。

将鼠标指针指向单元格的左边，当指针变成 ▮ 形状时单击，如图 6-21 所示，可选中该单元格，选中效果如图 6-22 所示。

图 6-21　鼠标指向单元格

图 6-22　选中单个单元格

提示：用鼠标连续 3 次单击单元格，也可将该单元格选中。

方法 3：选择连续和非连续的单元格。

使用鼠标拖动的方式，可以选中多个连续的单元格；也可以先将光标定位到需要选中的起始单元格中，然后按下 Shift 键的同时单击需要选中的最后一个单元格，此时可以将首尾两个单元格及之间的单元格全部选中。

按下 Ctrl 键的同时，用鼠标选中单元格，可以同时选中多处单元格（即选中不连续的多个单元格），如图 6-23 所示。

方法 4：选中行和列。

把鼠标指针指向单元格行的左侧，指针变成 ⬈ 形状时单击，如图 6-24 所示，可选中该行单元格。

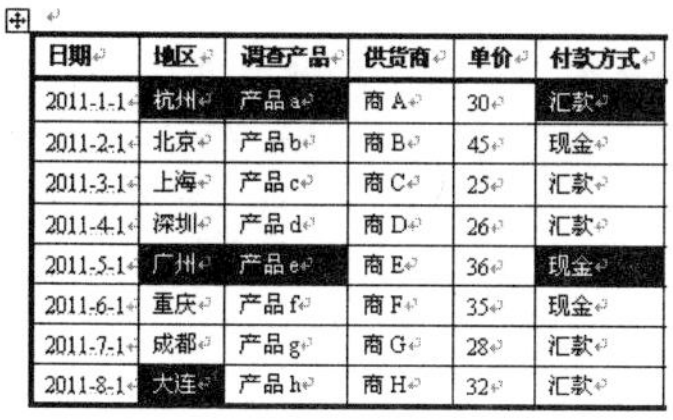

图 6-23 选中多处单元格

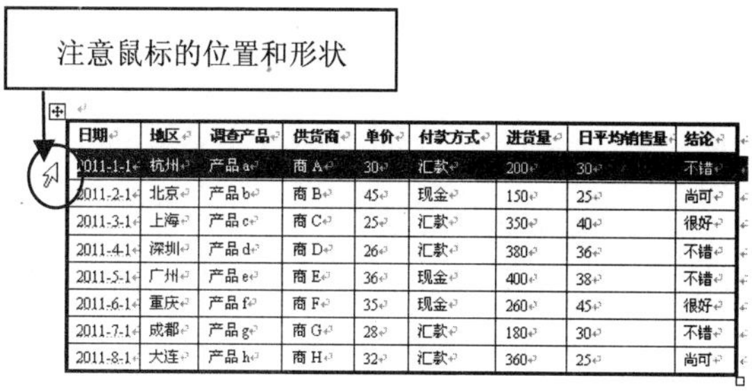

图 6-24 选中行

把鼠标指针指向单元格列的上方，指针变成 ⬇ 形状时单击，可以选中该列，如图 6-25 所示。

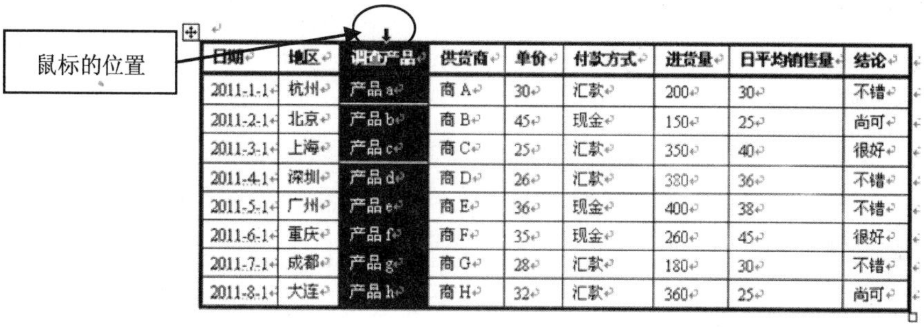

图 6-25 选中列

✍提示：当然，用户也可以使用鼠标拖动的方式，或者按下 Shift 键后单击首尾单元格的方式来选中整行和整列。

6.2.2 添加或删除单元格和表格

在创建好的表格中，当缺单元格时候，用户需要进行添加，当有多余的单元格时则需要删除。

1．添加行、列和单元格

方法 1：使用右键菜单。

选中一行，用鼠标右击选中的行，在弹出的菜单中选择"插入行"命令，如图 6-26 所示，可以在当前所选行的上方添加一空白行，如图 6-27 所示；同样地，选中一列，用鼠标右击选中的列，在弹出的菜单中选择"插入列"命令，可以在该列的左侧添加一空白列。

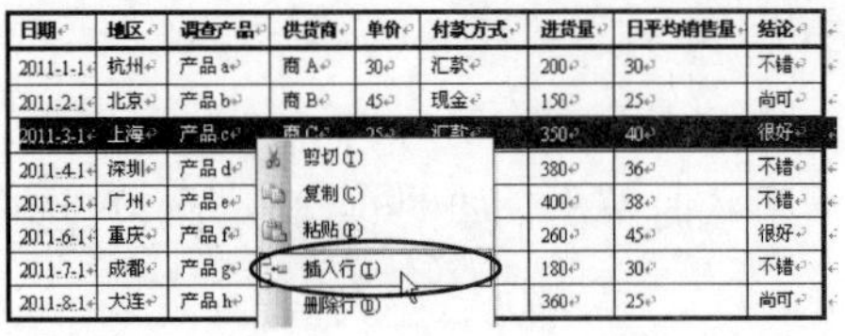

图 6-26　选择"插入行"命令 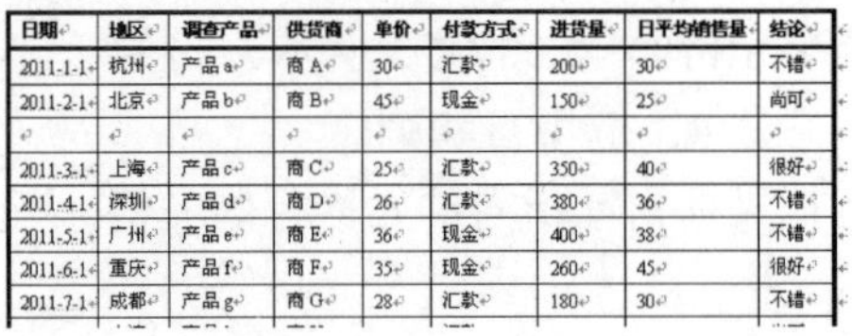　　　　　　　图 6-27　插入的空行

✍ 提示：如果选中的是多行或者多列，那么插入的将是多行或多列单元格。

方法 2：使用菜单命令。

步骤 1　定位光标到需要添加单元格的位置。

步骤 2　选择"表格"|"插入"菜单中的命令，可以实现单元格的插入。

◆ "列（在左侧）"：选择该命令可在当前单元格左侧插入一列。

◆ "列（在右侧）"：选择该命令可在当前单元格右侧插入一列。

◆ "行（在上方）"：选择该命令可在当前单元格上方插入一行。

◆ "行（在下方）"：选择该命令可在当前单元格下方插入一行。

◆ "单元格"：选择该命令，可打开"插入单元格"对话框，如图 6-28 所示，在其中可以选择插入单元格的方式，共有 4 个单选按钮，分别为"活动单元格右移"、"活动单元格右移"、"整行插入"和"整列插入"，选择完后单击"确定"按钮。

方法 3：使用按键。

将光标定位到单元格行右侧，如图 6-29 所示，按 Enter 键，可新增一行，如图 6-30 所示。

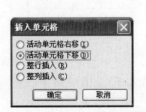

图 6-28　"插入单元格"对话框 　　　图 6-29　定位光标 　　　图 6-30　插入的行

2．删除行、列和单元格

方法 1：使用右键菜单。

选中需要删除的单元格，用右键单击选中的单元格，在弹出的快捷菜单中选择"删除单元格"命令。

✍ 提示：如果选中的是整行或整列，那么应在弹出的快捷菜单中选择"删除行"或"删除列"命令。

方法 2：使用菜单命令。

选中需要删除的单元格，选择"表格"|"删除"中的命令，如图 6-31 所示，选择"单元格"命令后将会弹出图 6-32 所示的"删除单元格"对话框，对话框中各单选按钮的具体

含义与"插入单元格"对话框中的是一样的，选择完后单击"确定"按钮即可。

图 6-31　删除单元格命令

图 6-32　"删除单元格"对话框

✍提示：选中单元格后，按 Backspace 键，可以删除单元格。

3．删除表格

选中表格后，执行以下操作可以删除表格。

◆　选择"表格"|"删除"|"表格"命令。

◆　按 Backspace 键。

✍提示：选中表格或单元格后，按 Delete 键，或者选择"编辑"|"清除"|"内容"命令，可删除表格或单元格中的内容。

6.2.3　调整行高或列宽

用户可以根据单元格中的内容，调整行高和列宽。

方法 1：用鼠标调整。

把鼠标指针指向边框线，拖动鼠标，可以调整行高和列宽。

方法 2：自动调整。

表格中的行高和列宽，可以根据单元格中的内容进行自动调整，方法如下。

选中表格后，选择"表格"|"自动调整"中的命令，具体如下。

◆　"根据内容调整表格"：选择该命令，会根据内容自动调整表格宽度。

◆　"根据窗口调整表格"：选择该命令，会根据页面宽度自动调整表格宽度。

✍提示：用鼠标双击列的边框线，可以使左边一列的列宽自动适应单元格内的文字。

"固定列宽"：选择该命令，列宽固定不变，用户可以手动拖动框线调整列宽。

◆　"平均分布各行"：选择该命令，可以使各行的高度相同，表格高度不变。

◆　"平均分布各列"：选择该命令，可以使各列的宽度相同，表格宽度不变。

✍提示：选中要调整的行或列后，在"表格和边框"工具栏上单击"平均分布各行"按钮▦或"平均分布各列"按钮▦，也可以设置等高和等宽。

6.2.4　单元格的合并和拆分

创建完的表格，往往在结构上无法满足需求，用户需要在此基础之上进行一些合并和拆分操作。如图 6-33 所示，创建该表格就需要用到合并或拆分的操作。

数量和产品描述	单价	价格
	总计	
	应缴税额	
	应付金额	
	交货日期	

图 6-33   需要合并或拆分操作的表格

1. 合并单元格

在合并单元格之前，首先选中需要合并的单元格区域，合并单元格的方法如下。

方法 1： 用鼠标右击选中的单元格，在弹出的快捷菜单中选择"合并单元格"命令。

方法 2： 选择"表格"|"合并单元格"命令。

方法 3： 单击"表格和边框"工具栏上的"合并单元格"按钮 。

合并前后的效果如图 6-34 所示。

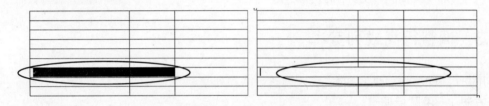

图 6-34   合并单元格

2. 拆分单元格

在拆分单元格之前，首先定位光标到需要拆分的单元格中，拆分单元格的方法如下。

方法 1： 用鼠标右击单元格，选择"拆分单元格"命令。

方法 2： 选择"表格"|"拆分单元格"命令。

方法 3： 在"表格和边框"工具栏上单击"拆分单元格"按钮 。

此时弹出"拆分单元格"对话框，如图 6-35 所示，输入需要拆分的列数和行数，单击"确定"按钮，图 6-36 和图 6-37 所示为拆分前后效果。

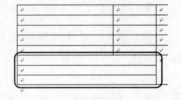

图 6-35   "拆分单元格"对话框   图 6-36   定位光标   图 6-37   拆分后的效果

3. 拆分表格

用户可以将一个表格拆分成两个表格，操作如下。

步骤 1　将光标定位在需要拆分的位置处。

步骤 2　选择"表格"|"拆分表格"命令，当前光标所在行之后的所有单元格（包括当前行）将被拆分到一个新表格中。

6.2.5　对表格内容排序

对于表格中的内容，可以根据指定的方式进行"升序"或"降序"的排列，例如，如图 6-38 所示，要将表格中的数据按照第一列中的"日期"，以"升序"进行排列，操作如下。

日期	地区	调查产品	供货商	单价	付款方式	进货量	日平均销售量	结论
2011-8-1	杭州	产品 a	商 A	30	汇款	200	30	不错
2011-6-1	北京	产品 b	商 B	45	现金	150	25	尚可
2011-3-1	上海	产品 c	商 C	45	汇款	350	40	很好
2011-4-1	深圳	产品 d	商 D	26	汇款	380	36	不错
2011-5-1	广州	产品 e	商 E	36	现金	400	38	不错
2011-1-1	重庆	产品 f	商 F	35	现金	260	45	很好
2011-2-1	成都	产品 g	商 G	28	汇款	180	30	不错
2011-7-1	大连	产品 h	商 H	32	汇款	360	25	尚可

图 6-38　需要排序的表格

步骤 1　选中需要排序的数据，例如将第一列进行排序，那么选中该列。

步骤 2　选择"表格"|"排序"命令，弹出"排序"对话框，如图 6-39 所示，在其中可以设置"主要关键字"、"次要关键字"和"第三关键字"，在右侧可以选择关键字对应的"升序"或"降序"方式。

✍ **提示**：单击"表格和边框"工具栏上的 🔼 和 🔽 按钮，也可以进行升序和降序的排列。

步骤 3　设置完后单击"确定"按钮，可以得到排序后的效果，如图 6-40 所示。

图 6-39　设置排序

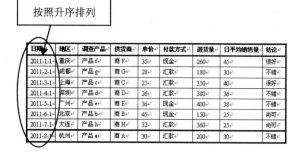

图 6-40　经过排序后的表格

✍ **提示**：当对文字关键字进行排序时，可以按照"拼音"或"笔画"来排序；在对话框中单击"选项"按钮，可以打开"排序选项"对话框，如果在该对话框中选中"仅对列排序"复选框，可以仅对选中的列排序而不影响其他列。

6.2.6 在表格中计算

举例来说明，如图 6-41 所示，要求计算"进货量"的总和，那么可以进行如下操作。

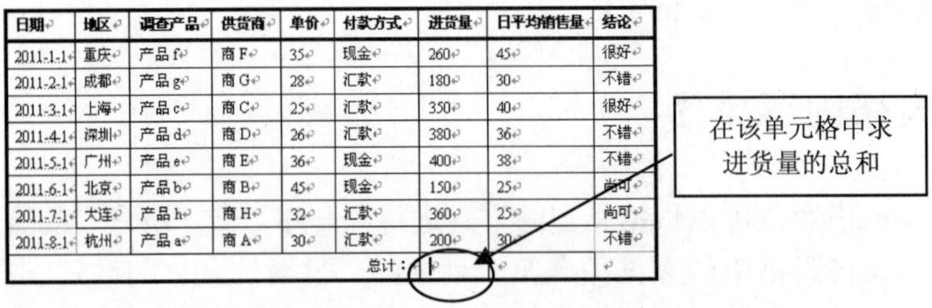

图 6-41 求"进货量"的总和

步骤 1 把光标定位到需要求值的单元格中。

步骤 2 选择"表格" | "公式"命令，弹出"公式"对话框，如图 6-42 所示，在其中输入"公式"，如输入"=SUM(ABOVE)"，表示该单元格以上所有单元格数值的和，在"数字格式"下拉列表中可以选择求得数值的格式，完成后单击"确定"按钮，得到结果如图 6-43 所示。

图 6-42 输入公式　　　　图 6-43 得到计算结果

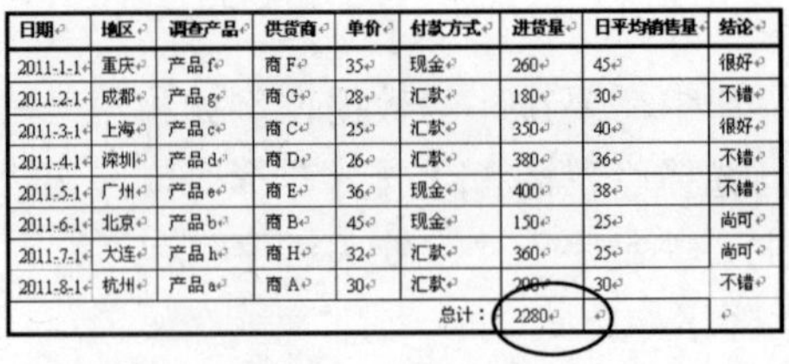

✐ **提示：** 如果要计算平均值，可以输入"=AVERAGE(ABOVE)"；求最大值，输入"=MAX(ABOVE)"；求最小值，输入"=MIN(ABOVE)"。

步骤 3 如果要计算的不是连续的单元格的值，例如要计算 G3、G5、G8 单元格的数值之和，那么可以输入"=SUM（G3,G5,G8）"。

✐ **提示：** 在 Word 表格中，表格的列用英文字母"A，B，C，…"标识，行用"1，2，3，…"标识，如表格的第 3 行第 4 列的单元格用"D3"标识。

6.2.7 本节考点

本节考点的内容如下：添加和删除行及列、添加和删除单元格、删除表格和表格中的内容、自动调整表格行高和列宽、合并指定的单元格、将单元格拆分、将一个表格分成两个表格、对表格中的内容按照指定方式排序、对表格中的数据进行计算等。

6.3　设置表格的格式

表格的格式包括表格的边框、表格的底纹、单元格中的格式，以及表格的属性等。

6.3.1　设置边框和底纹

方法 1：使用"表格和边框"工具栏。

步骤 1　打开"表格和边框"工具栏，打开"底纹颜色"按钮 ![btn] 的下拉列表，在其中可以为所选单元格设置底纹的颜色。

步骤 2　在"表格和边框"工具栏中打开"边框颜色"按钮 ![btn] 的下拉列表，可以选择边框的颜色，选择颜色后用鼠标单击边框线，可设置该边框线的颜色。

步骤 3　打开"线型" ![line] 下拉列表，可选择线型，打开"粗细" ![½磅] 下拉列表框，选择线的粗细，用鼠标单击表格的边框，可以将设置的线型应用到被单击的边框上。

步骤 4　打开"外侧框线"按钮 ![btn] 的下拉列表，在其中可以设置所选单元格的边框类型，如图 6-44 所示，图 6-45 所示为设置了一种双线外边框的效果。

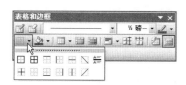

日期	地区	调查产品	供货商	单价	付款方式	进货量	日平均销售量	结论
2011-1-1	北京	产品 b	商 B	45	现金	150	25	尚可
2011-2-1	杭州	产品 a	商 A	30	汇款	200	30	不错
2011-3-1	上海	产品 c	商 C	25	汇款	350	40	很好
2011-4-1	深圳	产品 d	商 D	26	汇款	380	36	不错
2011-5-1	广州	产品 e	商 E	36	现金	400	38	不错
2011-6-1	重庆	产品 f	商 F	35	现金	260	45	很好
2011-7-1	成都	产品 g	商 G	28	汇款	180	30	不错
2011-8-1	大连	产品 h	商 H	32	汇款	360	25	尚可

图 6-44　设置"外侧框线"　　　　　图 6-45　双线外边框的效果

方法 2：使用"边框和底纹"对话框。

步骤 1　选中需要设置的单元格或表格。

步骤 2　选择"格式"|"边框和底纹"命令，弹出"边框和底纹"对话框，如图 6-46 所示，选择"边框"选项卡，在对话框中可以进行如下设置。

◆ "设置"：在其中可以选择边框的形式，选择"无"，表示没有边框；选择"方框"表示只有四周带边框；选择"全部"表示所有边线都有边框；选择"自定义"则可以自己任意定义表格的各边框。

◆ "线型"、"颜色"和"宽度"：在"线型"中可以选择边线的线型，在"颜色"和"宽度"中可以选择所选线型的颜色和宽度。

◆ "预览"：在其中可以预览表格效果，并可以在指定位置设置边框。

◆ "应用于"：在该下拉列表中选择"表格"，表示所有设置对整个表格有效；选择"单元格"，表示对所选单元格有效；选择"文字"或"段落"，表示对所选的文字或段落有效。

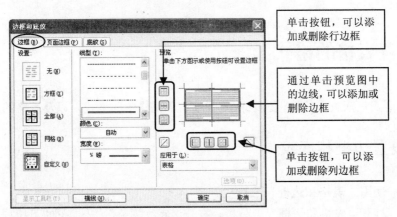

图 6-46　设置边框

✍提示：当将表格的边框线设置为"无"后，仍然会显示表格的虚框，选择"表格" |"隐藏虚框"命令，可隐藏虚框。

步骤3　选择"底纹"选项卡，如图 6-47 所示，在其中可以设置所选单元格或表格的底纹。

◆ "填充"：在其中可以选择所选单元格或表格的底纹颜色。

◆ "图案"：在其中可以选择"样式"，并为该样式设置"颜色"，表示用指定颜色的图案叠加到填充色上。

图 6-48 所示是为表格设置了边框和纹理的效果。

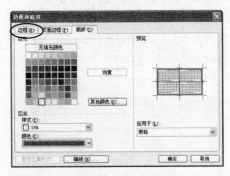

图 6-47　设置底纹　　　　　　　　　　　图 6-48　设置了边框和底纹的效果

6.3.2　设置单元格的格式

用户可以对每个单元格中的内容格式进行设置，包括单元格中文字的格式，以及相对单元格中文字的方向和对齐方式等。

✍提示：对于文字的格式，其设置方法与文档中的文字设置方法是一样的，可以使用"格式"工具栏，也可以使用"字体"对话框。

1．设置文字的方向

步骤1　选择需要设置文字方向的单元格。

步骤 2　选择"格式"|"文字方向"命令，打开"文字方向-表格单元格"对话框，如图 6-49 所示，在其中可以选择文字的方向，设置完后单击"确定"按钮，图 6-50 所示为竖排后的效果。

图 6-49　设置文字方向

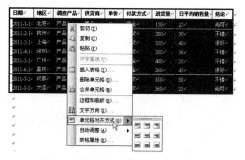

图 6-50　竖排文字效果

2．设置对齐

对齐是指单元格中的内容相对于单元格的对齐方式，例如可以让单元格中的文字在单元格中居中对齐等，设置方法如下。

方法 1：使用右键菜单。

选中需要设置的单元格，用鼠标右击选中的单元格，在弹出的快捷菜单中选择"单元格对齐方式"项，在其中选择对齐的方式，如图 6-51 所示。

方法 2：使用"表格和边框"工具栏。

在"表格和边框"工具栏上打开■▼按钮的下拉列表，在其中选择对齐的方式，如图 6-52 所示。

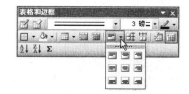

图 6-51　在右键菜单中选择对齐方式　　图 6-52　使用"表格和边框"工具栏选择对齐方式

6.3.3　设置表格的属性

使用"表格属性"对话框，可以设置表格的尺寸、对齐方式、环绕方式、行高和列宽等。将光标定位到表格中，或者选中表格，然后打开"表格属性"对话框，方法如下。

方法 1：选择"表格"|"表格属性"命令。

方法 2：用鼠标右击表格，在弹出的菜单中选择"表格属性"命令。

1．设置表格的尺寸和位置

步骤 1　打开"表格属性"对话框，选择"表格"选项卡，如图 6-53 所示。

步骤 2　在"表格"选项卡中可以进行如下操作。

◆ "尺寸"：在其中选中"指定宽度"复选框，可在文本框中可输入表格的宽度，在"度量单位"中可选择数值的单位。

◆ "对齐方式"：在其中可以选择"左对齐"、"居中"、"右对齐"，在"左缩进"文本框中可以输入表格的左缩进数值。

◆ "文字环绕"：在其中可选择"环绕"或"无"项，如果选择"环绕"项，可以单击"定位"按钮，弹出"表格定位"对话框，在其中可设置环绕的参数，如图 6-54 所示。

图 6-53　"表格"选项卡

图 6-54　"表格定位"对话框

步骤 3　设置完后单击"确定"按钮。

2．设置行高和列宽

步骤 1　打开"表格属性"对话框，选择"行"选项卡，如图 6-55 所示，选中"指定高度"复选框，在右侧的文本框中可输入行高值，在"行高值是"中可选择"最小值"或"固定值"项。

步骤 2　打开"表格属性"对话框，选择"列"选项卡，如图 6-56 所示，选中"指定宽度"复选框，在右侧的文本框中可输入列宽值，在"列宽单位"中可选择列宽的单位，如选择"厘米"。

图 6-55　"行"选项卡

图 6-56　"列"选项卡

✍提示：在对话框中单击"上一行"、"前一列"按钮，可分别设置上一行的高度和前一列的宽度；单击"下一行"、"后一行"按钮，可分别设置下一行的高度和后一行的宽度。

步骤3　单击"确定"按钮，可完成设置。

3．设置单元格宽度和边距

单元格的宽度和边距是指单元格在横向的尺寸，以及单元格中的文本与单元格边框之间的距离，设置步骤如下。

步骤1　选择需要设置的单元格，或将光标定位到单元格中。

步骤2　打开"表格属性"对话框，选择"单元格"选项卡，如图 6-57 所示，选中"指定宽度"复选框，在右侧输入宽度数值并选择数值的单位。

步骤3　在对话框中单击"选项"按钮，打开"单元格选项"对话框，如图 6-58 所示，取消选中"与整张表格相同"复选框，在"上"、"下"、"左"、"右"文本框中可输入单元格的边距。

图 6-57　"单元格"选项卡　　　　　　　图 6-58　设置边距

步骤4　单击"确定"按钮完成设置。

✍提示：在"单元格选项"对话框中，选中"自动换行"复选框，表示在单元格中输入的文本超过单元格的宽度时会自动换行，选中"适应文字"复选框，那么单元格的宽度会保持不变，输入的内容会根据单元格宽度而自动设置其大小。

4．设置标题行重复

当文档中的表格跨页时，可以在其他页中设置标题重复，操作如下。

步骤1　在表格中选中标题行，如图 6-59 所示。

步骤2　选择"表格"|"标题行重复"命令，即可设置其他页中也显示标题行，如图 6-60 所示。

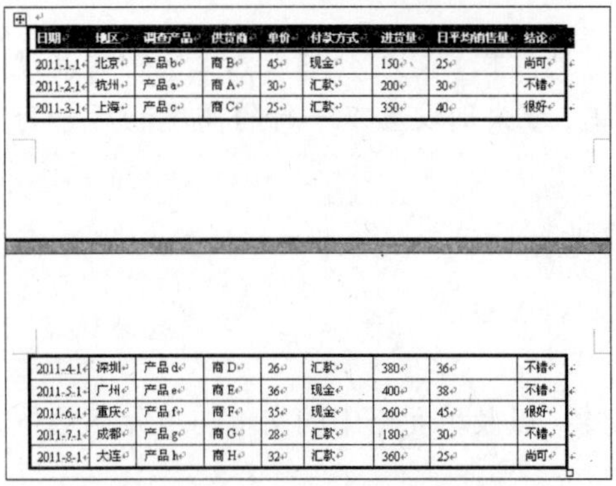

日期	地区	调查产品	供货商	单价	付款方式	进货量	日平均销售量	结论
2011-1-1	北京	产品 b	商 B	45	现金	150	25	尚可
2011-2-1	杭州	产品 a	商 A	30	汇款	200	30	不错
2011-3-1	上海	产品 c	商 C	25	汇款	350	40	很好

2011-4-1	深圳	产品 d	商 D	26	汇款	380	36	不错
2011-5-1	广州	产品 e	商 E	36	现金	400	38	不错
2011-6-1	重庆	产品 f	商 F	35	现金	260	45	很好
2011-7-1	成都	产品 g	商 G	28	汇款	180	30	不错
2011-8-1	大连	产品 h	商 H	32	汇款	360	25	尚可

图 6-59　选中标题行

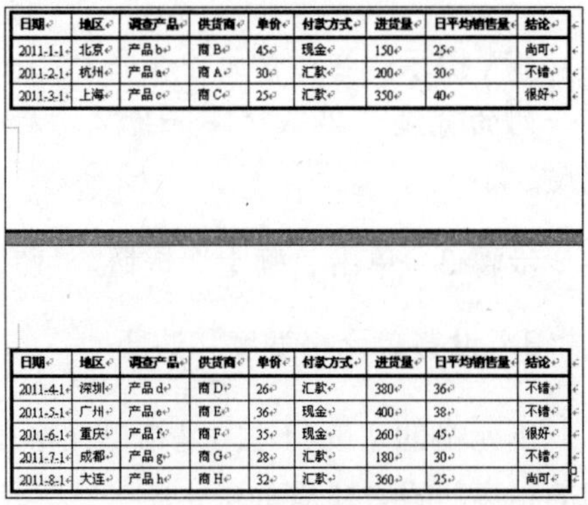

日期	地区	调查产品	供货商	单价	付款方式	进货量	日平均销售量	结论
2011-1-1	北京	产品 b	商 B	45	现金	150	25	尚可
2011-2-1	杭州	产品 a	商 A	30	汇款	200	30	不错
2011-3-1	上海	产品 c	商 C	25	汇款	350	40	很好

日期	地区	调查产品	供货商	单价	付款方式	进货量	日平均销售量	结论
2011-4-1	深圳	产品 d	商 D	26	汇款	380	36	不错
2011-5-1	广州	产品 e	商 E	36	现金	400	38	不错
2011-6-1	重庆	产品 f	商 F	35	现金	260	45	很好
2011-7-1	成都	产品 g	商 G	28	汇款	180	30	不错
2011-8-1	大连	产品 h	商 H	32	汇款	360	25	尚可

图 6-60　设置的标题行重复

提示：再次选择“表格”|“标题行重复”命令，可取消标题行重复。

6.3.4　本节考点

本节内容的考点如下。

- 设置边框和底纹：考题包括设置指定位置的边框线、将指定位置的边框线设置为无、设置边框线的线型和宽度、设置指定单元格或表格的底纹、隐藏表格的虚框等。
- 设置表格的格式和属性：考题包括设置单元格内容的对齐方式、设置表格的大小和对齐方式、设置表格的环绕方式、设置单元格的边距、设置和取消标题行重复等。

6.4　本章试题解析

试　题	解　析
一、创建表格	
试题 1　使用对话框的方法，插入一个表格，要求列数为 9，行数为 6	选择“表格”|“插入”|“表格”命令，在其中设置
试题 2　在当前光标位置处插入一个表格，要求列数为 8，行数为 5，在插入前要求设置为“列表型 8”格式，并要求取消对标题行、首列、末行、末列的应用	选择“表格”|“插入”|“表格”命令，设置列数和行数，单击自动套用格式(A)...，选择格式后取消选中相应的复选框
试题 3　在表格中，要求擦除第一个单元格的下边线	在“表格和边框”工具栏上单击按钮，在边线上拖动鼠标
试题 4　为第一个单元格添加斜线表头，要求选择“样式一”，设置文字大小为六号，输入行标题和列标题分别为“年份”和“金额”	选择“表格”|“绘制斜线表头”命令后分别设置
试题 5　要求选中文档中的表格，然后将其转换为文本内容，用制表符隔开文本	选中表格后，利用“表格”|“转换”|“表格转换成文本”命令

试　题	解　析
试题 6　在当前文档中，将已经选中的文本转换成表格，已知文字使用逗号隔开的方式	选择"表格"|"转换"|"文本转换成表格"命令
试题 7　要求在当前整个表格中生成编号，样式为"I，II，III，…"	选中表格后，选择"格式"|"项目符号和编号"命令，选择编号样式
试题 8　在当前文档中，要求选中表格，然后为它设置"精巧型 1"的格式，取消对末行、末列的应用	选中表格后，选择"表格"|"表格自动套用格式"命令，选择样式，取消选中"末行"、"末列"复选框
二、编辑表格	
试题 1　利用菜单命令，要求根据内容调整表格	选中表格后，选择"表格"|"自动调整"|"根据内容调整表格"命令
试题 2　利用菜单命令，要求根据窗口调整文档中的表格，设置平均分布各列	选中表格后，选择"表格"|"自动调整"|"根据窗口调整表格"命令和"平均分布各列"命令
试题 3　在当前表格中，使用菜单命令，要求在选中行的上方添加一空白行	选择"表格"|"插入"|"行（在上方）"
试题 4　在当前表格中，利用菜单命令，要求在第 4 列的左侧一次性插入 2 列	选中第 4 列和第 5 列，选择"表格"|"插入"|"列（在左侧）"
试题 5　已知光标位于第 1 列第 2 行的单元格中，要求添加一个单元格，使活动单元格下移	选择"表格"|"插入"|"单元格"命令后设置
试题 6　已知光标位于第 1 列第 2 行的单元格中，要求添加一个单元格，使活动单元格右移	参见"6.2.2 添加或删除单元格和表格"
试题 7　使用菜单命令，要求删除第 2 列	参见"6.2.2 添加或删除单元格和表格"
试题 8　使用菜单命令，要求删除第 2 行	参见"6.2.2 添加或删除单元格和表格"
试题 9　使用菜单命令，要求删除单元格 D4，右侧单元格左移	参见"6.2.2 添加或删除单元格和表格"
试题 10　使用菜单命令，要求删除整个表格	参见"6.2.2 添加或删除单元格和表格"
试题 11　使用快捷键，要求删除表格中的所有内容	选中表格，按 Delete 键
试题 12　使用菜单命令，将所选的单元格合并	选择"表格"|"合并单元格"命令
试题 13　在表格中，使用菜单命令，将第 1 列第 6 行的单元格，拆分成 2 行 3 列	定位光标后，选择"表格"|"拆分单元格"命令
试题 14　利用菜单命令，将当前表格的第 6 行开始，拆分成两个表格	将光标定位到第 6 行，选择"表格"|"拆分表格"命令
试题 15　在当前表格中，对第 1 列进行有标题行的升序排列	参见"6.2.5 对表格内容排序"
试题 16　在当前单元格中，求上面单元格数值的总和	参见"6.2.6 在表格中计算"
试题 17　要求在当前单元格中计算 G3、G5、G8 单元格的数值平均值	输入公式"=AVERAGE(G3,G5,G8)"
三、设置表格的格式	
试题 1　使用"表格和边框"工具栏，将所选单元格区域的横线删除	在 ▦▾ 按钮的下拉列表中选择"上框线"▦，再选择"下框线"▦

试　题	解　析
试题 2　在当前文档中，使用"表格和边框"工具栏，设置所选表格的外边框线宽度为 3 磅	选择宽度后，在□·按钮的下拉列表中选择▯
试题 3　要求利用"表格和边框"工具栏，设置表格的右框线	选中表格后，在□·按钮的下拉列表中选择▮
试题 4　当前表格的边框为无，要求将其虚框隐藏起来	选中整个表格，选择"表格"｜"隐藏虚框"命令
试题 5　使用菜单栏命令，设置表格的宽度为 12cm	参见"6.3.3 设置表格的属性"
试题 6　在当前文档中，要求将表格定位于文字的右侧	打开"表格属性"对话框的"表格"选项卡，选择"文字环绕"为"环绕"，单击"定位"按钮，在"水平"中选择"位置"为"右侧"
试题 7　在当前文档中，设置表格的属性，要求其居中对齐，并且没有环绕	打开"表格属性"对话框的"表格"选项卡，在"对齐方式"中选择"居中"，在"文字环绕"中选择"无"
试题 8　在当前文档中，设置表格的属性，要求将表格置于页边距的顶端	打开"表格属性"对话框的"表格"选项卡，在"文字环绕"中选择"环绕"，单击"定位"按钮，在"垂直"中选择"相对于"为"页边距"，在"位置"中选择"顶端"
试题 9　在当前文档中，设置表格的属性，要求所选单元格的左边距为 0.3cm	打开"表格属性"对话框的"单元格"选项卡，单击"选项"按钮，在其中设置
试题 10　要求在表格的每一页都显示表格第一行中的标题，然后用"常用"工具栏打印预览	选中第一行后选择"表格"｜"标题行重复"命令，单击"常用"工具栏上的🔍按钮
试题 11　要求取消标题行的重复	选中第一行后选择"表格"｜"标题行重复"命令

第7章 图形对象的应用

考试基本要求

掌握的内容：

◆ 图形的绘制方法；
◆ 图形的对齐和分布、旋转或翻转、组合和取消组合的操作；
◆ 设置图形的大小和旋转角度；
◆ 设置图形的颜色、线条和文字环绕；
◆ 图片或剪贴画的插入与处理；
◆ 艺术字的插入与修改；
◆ 文本框的插入与格式设置；
◆ 图示的插入；
◆ 图表的创建；
◆ 数学公式的创建。

熟悉的内容：

◆ 画布的使用；
◆ 图形叠放次序的修改；
◆ 图示的设置；
◆ 图表类型的修改；
◆ 数学公式的修改。

了解的内容：

◆ 阴影样式和三维样式的设置；
◆ 艺术字形状的设置；
◆ 图示类型的修改；
◆ 图形的微移设置和操作。

　　本章讲述图形对象的应用方法，包括图形、图片、剪贴画、艺术字、文本框、图示、图表和公式。

7.1　图形的绘制

在 Word 中，用户可以在画布上或文档的任意位置处绘制图形，使用"绘图"工具栏可以绘制出各种图形，并对图形进行编辑。

打开"绘图"工具栏的方法如下。

方法 1：选择"视图"｜"工具栏"｜"绘图"命令。

方法 2：在"常用"工具栏上单击"绘图"按钮🕮。

方法 3：用鼠标右击工具栏，在弹出的快捷菜单中选择"绘图"命令。

打开的"绘图"工具栏如图 7-1 所示。

📝**提示：**打开"绘图"工具栏时，该工具栏会贴附于文档窗口的下方，即状态栏的上方，用户可以将其变成浮动状态。

图 7-1　"绘图"工具栏

7.1.1　认知画布

画布是用来绘制图形的区域，使用它可以更合理地组织各种图形，图 7-2 所示是在画布中绘制了各种图形的效果，默认时，画布以嵌入的方式插入到文档中。

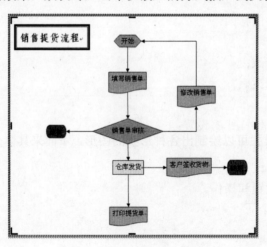

图 7-2　在画图上绘制图形

在默认情况下，当选择"绘图"工具栏上的图形工具时，会在当前光标处自动插入一个画布，如图 7-3 所示，用户也可以选择"插入"｜"图片"｜"绘制新图形"命令进行手动插入。

插入画布后，会自动弹出"绘图画布"工具栏，具体操作如下。

◆ 单击 调整 按钮，可以根据图形自动调整画布大小（在其中插入多个图形时，该按钮才有效）。

◆ 单击 扩大 按钮，可以将画布扩大。

◆ 单击 缩放绘图 按钮，画布周围出现圆形控制点，拖动控制点，可以缩放画布的同时缩放画布中的图形对象。

◆ 单击"文字环绕"按钮 ，可以在弹出下拉列表中选择文字环绕方式，如"嵌入型"、"四周型环绕"、"紧密型环绕"、"衬于文字下方"、"浮于文字上方"等。

提示：选中画布后，打开"图片"工具栏，在其中可以设置画布的文字环绕方式。

使用"选项"对话框可以对画布进行设置，操作如下。

步骤 1　选择"工具"|"选项"命令，在弹出的"选项"对话框中选择"常规"选项卡，如图 7-4 所示。

图 7-3　插入的画布

图 7-4　设置画布的选项

步骤 2　在对话框中取消选中"插入'自选图形'时自动创建画布"复选框，表示插入图形时将不会自动创建画布，默认为选中状态。

7.1.2　绘制图形

使用"绘图"工具栏可以绘制出各种形状的图形，下面来具体介绍。

1．绘制基本图形

在"绘图"工具栏上，单击"直线"按钮 、"箭头"按钮 、"矩形"按钮 或"椭圆"按钮 ，此时会在文档中插入一个画布，在画布中按下鼠标并拖动，释放鼠标即可绘制出相应的图形。

2．绘制自选图形

如果要绘制更多的图形，那么可以在"绘图"工具栏上单击 自选图形 按钮，在弹出的列表中可以选择各种图形的类型，如图 7-5 所示。

具体类型包括"线条"、"连接符"、"基本形状"、"箭头总汇"、"流程图"、"星与旗帜"、

"标注" 7 大类，选中一类后都会弹出一个子菜单，在其中显示了所选类的所有图形按钮，如图 7-6 所示，选中按钮后，可在文档中拖动鼠标进行绘制。

图 7-5   各类自选图形

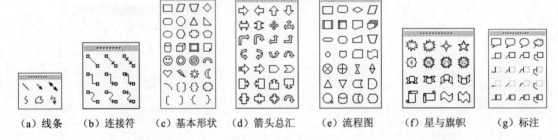

（a）线条   （b）连接符   （c）基本形状   （d）箭头总汇   （e）流程图   （f）星与旗帜   （g）标注

图 7-6   自选图形

✎ 提示：在 "自选图形" 按钮的下拉列表中选择 "其他自选图形" 项，可打开 "剪贴画" 任务窗格，利用它可以通过输入关键字搜索需要的剪贴画，然后将其插入。

图 7-7 所示为绘制出的各种图形效果。

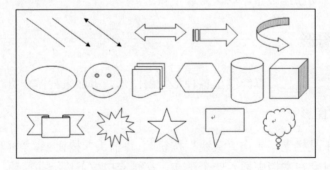

图 7-7   绘制的图形

3．绘制图形的基本技巧

在绘制图形过程中，有如下技巧需要掌握。

◆ 使用 "矩形" ▭ 和 "椭圆" ◯ 按钮绘制图形过程中，在拖动鼠标的同时按下 Shift 键，可以绘制出正方形和正圆形。

◆ 在绘制直线或箭头过程中，拖动鼠标的同时按住 Shift 键，可以绘制出 15°、30°、45°、60°、75°等特殊角度方向的直线或箭头。

◆ 在绘制图形过程中，按住 Ctrl 键的同时拖动鼠标，可绘制出从按下鼠标处向四周扩展的图形。

◆ 在绘制图形过程中，同时按住 Ctrl+Shift 键的同时拖动鼠标，可绘制出从按下鼠标处向四周延伸的正图形（如正方形、正圆形等）。

◆ 当要连续绘制基本图形时，可以在"绘图"工具栏上双击该按钮；再次单击该按钮，可取消绘制，也可以按 Enter 键或 Esc 键来结束绘制。

4．绘制几种特殊的图形

（1）绘制箭头

选中已经绘制的直线或箭头图形，在"绘图"工具栏上打开"箭头样式"按钮 ⊟ 下拉列表，在其中可以选择各种箭头样式，如图 7-8 所示。

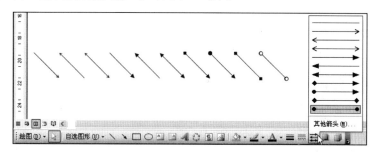

图 7-8　绘制箭头

（2）绘制曲线

在"绘图"工具栏上，使用"自选图形"｜"线条"｜"曲线"工具 ⑤ 或"自由曲线"工具 ✎ ，可以绘制曲线形状。

步骤 1　选择"曲线"工具 ⑤ ，在画布上单击，确定曲线的起始点，移动鼠标，单击鼠标可确定第二个顶点，用同样的方法继续绘制曲线的其他顶点。

步骤 2　双击鼠标可结束绘制（也可以按 Enter 键或 Esc 键），移动鼠标单击曲线的起始点，可闭合曲线，图 7-9 所示为绘制出的一条曲线效果。

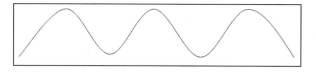

图 7-9　绘制出的曲线

✍提示：在确定曲线的顶点过程中，如果不满意，可以按键盘上的 Backspace 键，将顶点删除；在用鼠标单击顶点的同时按住 Ctrl 键，可以用直线的方式连接两个顶点；按住 Shift 键，则可约束曲线的方向。

绘制自由曲线的操作如下所述。

步骤 3　选择"自选图形"│"线条"│"自由曲线"工具 ，可通过拖动鼠标自由地绘制曲线。

（3）绘制任意多边形

使用"自选图形"│"线条"│"任意多边形"工具 ，可以绘制出任意多边形。

选择该工具后，可以用鼠标单击的方式确定顶点，双击鼠标可结束绘制（也可以按 Enter 键或 Esc 键），移动鼠标单击曲线的起始点，可闭合多边形。

（4）调整曲线和任意多边形的形状

使用"编辑顶点"命令，可以调整曲线和任意多边形的形状，操作如下。

步骤 1　选中图形，使用以下方法之一选择"编辑顶点"命令。

◆　用鼠标右击图形，在弹出的快捷菜单中选择"编辑顶点"命令，如图 7-10 所示。

◆　在"绘图"工具栏中选择"绘图"│"编辑顶点"命令。

此时，图形以顶点形式显示，如图 7-11 所示。

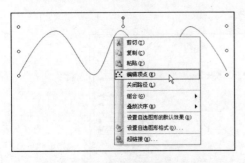

图 7-10　选择"编辑顶点"命令

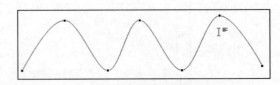

图 7-11　图形以顶点形式显示

步骤 2　对顶点可以进行如下操作。

◆　拖动顶点，可调整顶点的位置。

◆　用鼠标右击需要添加顶点的位置处，在弹出的快捷菜单中选择"添加顶点"命令，可以添加顶点。

提示：按住 Ctrl 键的同时单击需要添加顶点的位置处，也可以添加顶点；按住 Ctrl 键的同时单击顶点，可以将该顶点删除。

◆　用鼠标右击顶点，可以在弹出的快捷菜单中对顶点进行操作，如图 7-12 所示，如选择"平滑顶点"命令，可以调整线条的平滑度。

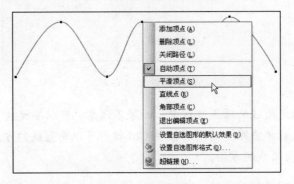

图 7-12　编辑顶点

（5）绘制连接符

使用连接符，可以将两个图形链接起来，可以绘制的连接符包括"直线型连接符" ╲╲╲、"肘形连接符" ┐┐┐、"曲线形连接符" ⌒⌒⌒。

例如要将图 7-13 所示的流程图连接起来，操作如下。

步骤 1　选择"自选图形"|"连接符"|"直接箭头连接符"工具，鼠标指向"开始"图形，此时图形上会出现特殊的点，单击该图形下边框的中点，然后鼠标再指向"填写销售单"图形，单击上边框的中点，即可完成两个图形的连接，如图 7-14 所示。

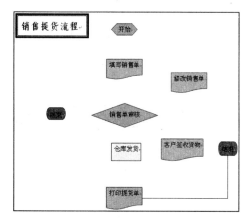

图 7-13　需要连接的流程图

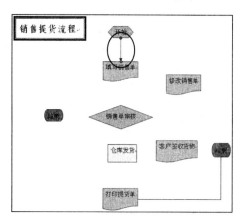

图 7-14　连接图形（一）

步骤 2　选择"肘形箭头连接符"工具，鼠标指向"修改销售单"图形，单击上边框的中点，鼠标指向"开始"图形，单击图形的右顶点，完成连接符的创建，如图 7-15 所示。

步骤 3　使用同样的方法可以连接其他图形，如图 7-16 所示。

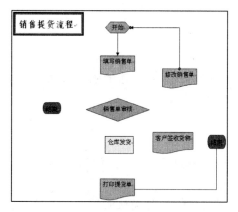

图 7-15　连接图形（二）

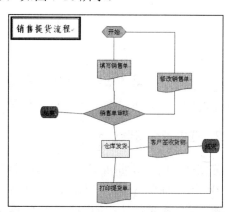

图 7-16　完成连接

7.1.3　本节考点

本节内容的考点如下：插入画布、绘制各种形状的图形（需要熟悉"绘图"工具栏各类图形）。

7.2   编辑图形

编辑图形包括调整图形的位置和大小、图形的对齐和叠放次序、图形的旋转和翻转等。

7.2.1   图形的选中和取消

当要编辑图形时，第一步是将其选中，选中图形的方法有多种，可以选中单个图形，也可以选中多个图形。

1．选中单个图形

用鼠标单击图形，可以将所单击的图形选中，被选中的图形，其周围会出现控制柄，如图 7-17 所示。

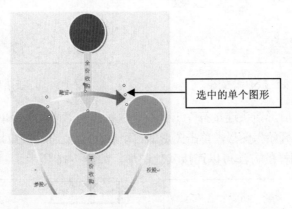

图 7-17   选中单个图形

✍提示：当多个图形堆叠在一起的时候，有时要选中一个图形比较困难，此时可以先选中其中一个图形，然后按 Tab 键依次切换式地选择。

2．选中多个图形

方法 1：按住 Shift 键或 Ctrl 键的同时，进行如下操作可以选中或取消选中图形。

◆   用鼠标单击未选中的图形，可以选中多个图形。

◆   用鼠标单击选中的图形，可将该图形取消选中，这种操作适用于错选时需要剔除的操作。

方法 2：在"绘图"工具栏上单击"选择对象"按钮，用鼠标拖拉的方式框选住需要选择的图形，框选中的图形将会被选中，如图 7-18 所示。

✍提示：如果发现某图形选择起来很困难，这种情况常发生在多个图形混杂在一起的情况，选择"选择对象"命令后会发现选择很容易。

3．取消对图形的选中

当要取消图形的选中状态时，可以使用以下方法。

方法 1：在图片外的空白处单击，可以取消对所有图形的选中状态。

方法 2：按键盘上的 Esc 键，可以取消对图形的选中。

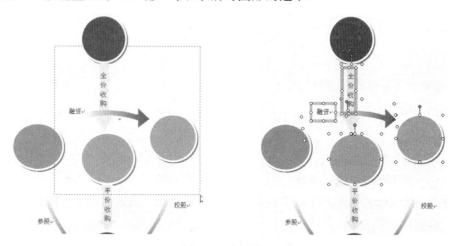

图 7-18　框选图形

7.2.2　调整位置和大小

用户可以用鼠标拖动的方式来调整图形的位置和大小；也可以用"设置自选图形格式"对话框来精确设置图形的位置和大小；还可以通过设置网格，运用微移命令来调整图形的位置。

1．用鼠标调整位置和大小

（1）调整位置

方法 1：用鼠标按住图形并拖动，可将图形拖动到目标位置；在拖动图形的同时按住 Shift 键，可在水平或垂直方向上移动图形。

方法 2：用鼠标选中图形，按键盘上的方向键（→、←、↑、↓）可移动图形。

✍提示：每按一次方向键，可以在指定方向上移动图形 10 像素，按下 Ctrl 键的同时再按方向键，可每次移动 1 像素。

（2）调整大小

方法 1：选中图形，拖动图形周围白色的控制柄，可调整图形的大小，如图 7-19 所示。

方法 2：按住 Shift 键，用鼠标拖动图形 4 个角点上的控制柄，可以等比例地缩放图形；按住 Ctrl 键的同时拖动控制柄，可以以图形的中心为基点进行缩放；按住 Ctrl+Shift 键的同时拖动图形 4 个角点上的控制柄，可以等比例地以图形中心为基点进行缩放。

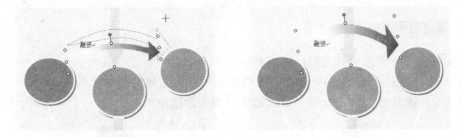

图 7-19　拖动控制柄

2. 精确设置图形的位置和大小

使用"设置自选图形格式"对话框，可以精确地调整图形的位置和大小，打开该对话框的方法如下。

方法 1：用鼠标双击图形。

方法 2：选中图形，选择"格式"|"自选图形"命令。

方法 3：用鼠标右击图形，在弹出的快捷菜单中选择"设置自选图形格式"命令。

（1）设置图形的位置

步骤 1　选中图形后打开"设置自选图形格式"对话框，选择"版式"选项卡，如图 7-20 所示。

步骤 2　在"水平"和"垂直"文本框中，可以设置图形在水平和垂直方向上的位置值，在右侧的"相对于"下拉列表中可选择相对于画布的位置。

✍提示：在"相对于"下拉列表中可以选择"左上角"或"居中"项，如选择"居中"，表示输入的数值为相对于画布中心的距离值。

（2）设置图形的大小

步骤 1　选中图形后打开"设置自选图形格式"对话框，选择"大小"选项卡，如图 7-21 所示。

图 7-20　设置位置

图 7-21　设置大小

步骤 2　在"尺寸和旋转"选项组中可以设置图形的高度、宽度及旋转角度，在"缩放"选项组中可设置图形在"高度"和"宽度"方向上的缩放比例，选中"锁定纵横比"复选框，表示图形将等比例地缩放。

3．使用绘图网格

通过对绘图网格的设置，可以实现使用最小网格间距进行移动，操作如下。

步骤 1　在"绘图"工具栏上单击"绘图"按钮，选择"绘图网格"命令，弹出"绘图网格"对话框，如图 7-22 所示。

步骤2　在对话框中可以进行如下操作。

- ◆ "对象与网格对齐"：选中该复选框，可以使图形对象的边缘对齐于网格线。
- ◆ "对象与其他对象对齐"：选中该复选框，可以使拖动的对象与其他图形的边缘对齐。
- ◆ "网格设置"：在"水平间距"和"垂直间距"中可输入间距数值，数值越小，对图形位置的控制就越精确。
- ◆ "网格起点"：取消选中"使用页边距"复选框，可以在"水平起点"和"垂直起点"中输入起点的位置。
- ◆ "在屏幕上显示网格线"：选中该复选框可以在文档中显示网格线，在"水平间隔"和"垂直间隔"中可以设置网格密度。

步骤3　设置完后，选择图形，在"绘图"工具栏上，选择"绘图"|"微移"项，在弹出的子菜单中选择相应的命令，如图 7-23 所示，可实现微移操作。

图 7-22　设置绘图网格

图 7-23　微移操作

7.2.3　调整对齐和分布

图形的对齐和分布，是指将多个图形左对齐、居中对齐、右对齐等，以及调整图形相对于页面和画布的位置。

1．对齐多个图形

对于多个图形，通过对齐命令，可以将它们按照指定的方式对齐，操作如下。

步骤 1　选中多个图形对象。

步骤 2　单击"绘图"工具栏上的绘图(D)·按钮，选择"对齐或分布"项，如图 7-24 所示，在弹出的子菜单中可以选择各种对齐方式的命令。

- ◆ "左对齐"：选择该命令，将选中的多个图形按左侧对齐。

图 7-24　"对齐或分布"命令

- ◆ "水平居中"：选择该命令，将选中的多个图形在水平方向上居中对齐。
- ◆ "右对齐"：选择该命令，将选中的多个图形按右侧对齐。
- ◆ "顶端对齐"：选择该命令，将选中的多个图形按顶端对齐。
- ◆ "垂直居中"：选择该命令，将选中的多个图形在垂直方向上居中对齐。
- ◆ "底端对齐"：选择该命令，将选中的多个图形按底边对齐。
- ◆ "横向分布"：选择该命令，将选中的多个图形在水平方向上等距离排列。
- ◆ "纵向分布"：选择该命令，将选中的多个图形在垂直方向上等距离排列。
- ◆ "相对于画布"：选择该命令，将选中的多个图形以画布为参照进行排列对齐。

✍ 提示：当选中的是画布之外的图形时，"相对于画布"将变成为"相对于页"命令，表示以页面为参照进行排列对齐。

图 7-25 所示为以"顶端对齐"的前后效果。

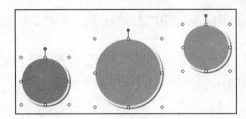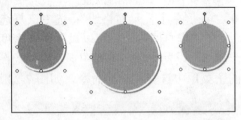

图 7-25　顶端对齐

2．相对于画布与页

（1）相对于画布

当图形位于画布之中时，可以用画布为参照的方式对所选图形进行对齐和分布，操作如下。

步骤 1　选中图形，在"绘图"工具栏上选择"绘图"|"对齐或分布"|"相对于画布"命令，将该命令选中。

步骤 2　此时再选择"绘图"|"对齐或分布"中的各对齐命令，可以将图形对齐于画布，图 7-26 所示为选择"右对齐"后的前后效果。

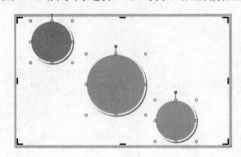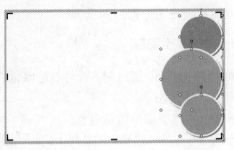

图 7-26　相对于画布对齐

步骤 3　选择"绘图"|"对齐或分布"｜"横向分布"或"纵向分布"命令，可以将所选图形在画布上横向或纵向分布，按照画布大小均衡分布其中的图形，图 7-27 所示为横向分

布前后的效果。

（2）相对于页

当所选的图形没有画布时，"相对于画布"命令将会自动变成"相对于页"命令，操作方法与"相对于画布"命令是一样的，只是此时的参照为整个页面，而不是画布了。

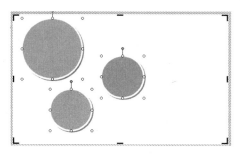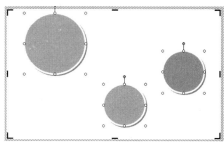

图 7-27　横向分布

7.2.4　设置旋转和翻转

对图形进行旋转和翻转的操作方法有 3 种：使用图形的绿色控制柄、使用"绘图"工具栏和"设置自选图形格式"对话框。

1．使用绿色控制柄

选中的图形上会出现一个绿色圆形的控制柄，用鼠标拖动，可自由旋转图形，如图 7-28 所示。

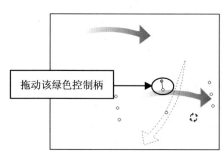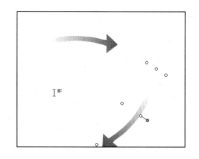

图 7-28　拖动控制柄旋转图形

提示：在拖动绿色控制柄旋转图形时，按住 Shift 键，可限制为 15°的整数倍角度上旋转。

2．使用"绘图"工具栏

步骤 1　选中需要旋转或翻转的图形。

步骤 2　在"绘图"工具栏上，选择"绘图"｜"旋转或翻转"，在弹出的子菜单中选择相应的命令，如图 7-29 所示。图 7-30 所示是将图 7-28 中的所选图形经过旋转或翻转的效果。

图 7-29　旋转和翻转的命令

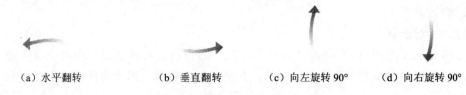

　　(a) 水平翻转　　　　　(b) 垂直翻转　　　　　(c) 向左旋转 90°　　　(d) 向右旋转 90°

图 7-30　翻转和旋转的效果

✍️提示："水平翻转"是指以 Y 轴对称翻转图形；"垂直翻转"是指以 X 轴对称翻转图形。

3．设置旋转的角度

打开"设置自选图形格式"对话框，选择"大小"选项卡，在"尺寸和旋转"选项组的"旋转"中可输入图形的旋转角度。

7.2.5　设置叠放次序

当多个图形叠放在一起的时候，在默认情况下，后绘制的图形会遮盖住之前绘制的图形，当要调整这种次序时，可以使用以下方法。

方法 1：使用右键菜单。

用鼠标右击图形，选择"叠放次序"，如图 7-31 所示，在弹出的子菜单中可以选择各种改变次序的命令。

方法 2：使用"绘图"工具栏。

选中图形，在"绘图"工具栏上选择"绘图"｜"叠放次序"中的命令，如图 7-32 所示。各种命令的功能如下。

◆ "置于顶层"：选择该命令，可将所选图形置于所有图形之上。
◆ "置于底层"：选择该命令，可将所选图形置于所有图形之下。
◆ "上移一层"：选择该命令，可将所选图形上移一层。
◆ "下移一层"：选择该命令，可将所选图形下移一层。
◆ "浮于文字上方"：选择该命令，可将所选图形置于文档中的文字之上。
◆ "浮于文字下方"：选择该命令，可将所选图形置于文档中的文字之下。

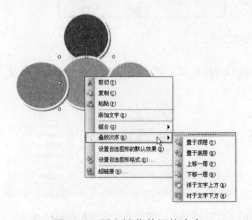

图 7-31　用右键菜单调整次序

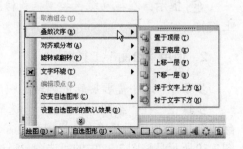

图 7-32　使用"绘图"工具栏调整次序

7.2.6　图形的组合

在文档中绘制图形时，常常需要绘制多个基本图形，将其拼合成为需要的图形，用户可以将多个图形组合起来，使它们成为一个整体对象，以避免不小心破坏图形的整体性，同时，还可以对组合的图形整体进行大小和位置调整、旋转、翻转等操作。

当需要对组合图形中的局部图形进行修改时，可以取消组合。

组合图形和取消组合的操作如下。

步骤 1　选中需要组合的图形。

步骤 2　使用以下操作之一将图形组合。

◆ 用鼠标右键单击选中的图形，在弹出的菜单中选择"组合"|"组合"命令，如图 7-33 所示。

◆ 在"绘图"工具栏上，选择"绘图"|"组合"命令，组合后的效果如图 7-34 所示。

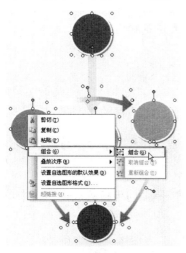

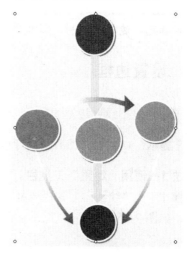

图 7-33　选择"组合"命令　　　　　　　　图 7-34　组合后的图形

✍️**提示**：组合的图形将变成一个整体，选中它后，其中的子图形的控制柄将不会再出现，而是出现作为整体的控制柄，拖动控制柄，可以改变它的大小。

步骤 3　当要取消组合的图形时，可以使用以下操作之一。

◆ 用鼠标右击组合的图形，选择"组合"|"取消组合"命令。

◆ 在"绘图"工具栏上，选择"绘图"|"取消组合"命令。

7.2.7　改变形状和添加文字

选中图形后，在"绘图"工具栏上单击 绘图(D)▾ 按钮，在弹出的列表中选择"改变自选图形"中的形状，可以将所选图形修改为该形状。

用鼠标右击图形，在弹出的快捷菜单中选择"添加文字"命令，此时在图形上出现闪烁的光标，输入文本，可为图形添加文字。

7.2.8 本节考点

本节内容的考点如下：选择单个和多个图形、调整图形的位置和大小的方法、多个图形的对齐、相对于画布或页面的对齐及分布、设置图形的旋转角度、对图形进行翻转操作、调整图形的叠放次序、组合图形和取消组合、在图形上添加文字等。

7.3 设置图形的格式

图形的格式有许多，如设置图形的填充颜色、图形的边框、图形的环绕方式和对齐方式、图形的阴影和三维效果等。

✍提示：对于绘制的图形、文本框和艺术字，插入的图片和剪贴画，用户都可以为它们设置填充、边框、阴影、版式等格式，具体设置方法是相同的。

7.3.1 设置边框

设置边框包括设置边框的颜色、设置边框的宽度、设置边框的线型等。

✍提示：以下操作同样适用于设置画布、文本框、艺术字等对象的边框。

方法 1：使用"绘图"工具栏。

步骤 1 在"绘图"工具栏上打开"线条颜色"按钮 的下拉列表，在其中单击需要的颜色，如图 7-35 所示。

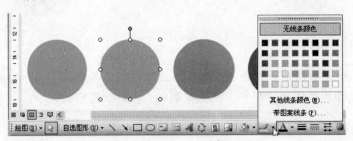

图 7-35 单击"线条颜色"

步骤 2 在下拉列表中选择"其他线条颜色"命令，可打开"颜色"对话框，在其中可以选择更多的颜色，或者自定义一种颜色。

步骤 3 在下拉列表中选择"带图案线条"命令，可打开"带图案线条"对话框，如图 7-36 所示，在其中可为边框设置不同前景色和背景色的图案。

步骤 4 在"绘图"工具栏上打开"线型"按钮 的下拉列表，如图 7-37 所示，在其中可以选择线型的宽度值。

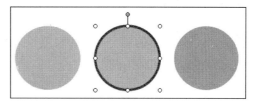

图 7-36　设置带图案的边框

✍提示：在图 7-37 所示的列表中选择"其他线条"命令，可以打开"设置自选图形格式"对话框，在其中可进行设置。

步骤 5　在"绘图"工具栏上打开"虚线线型"按钮▦的下拉列表，在其中可选择线型，如图 7-38 所示。

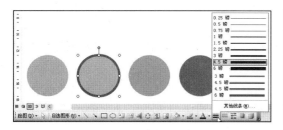

图 7-37　选择线型宽度

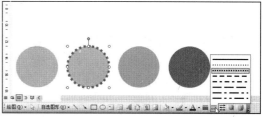

图 7-38　设置虚线线型

方法 2：使用"设置自选图形格式"对话框。

步骤 1　使用以下方法之一打开"设置自选图形格式"对话框，然后切换到"颜色与线条"选项卡，如图 7-39 所示。

◆　用鼠标双击图形。

◆　选中图形，选择"格式"|"自选图形"命令。

◆　用鼠标右击图形，在弹出的快捷菜单中选择"设置自选图形格式"命令。

图 7-39　"颜色与线条"选项卡

步骤 2　在"线条"选项组中，可以选择"颜色"、"线型"和"虚实"，在"粗细"文本框中可以自己输入线条的宽度值。

7.3.2　设置填充

设置填充包括设置图形的填充颜色，设置填充颜色的透明度，设置渐变、纹理、图案、图片等填充。

✍ 提示：以下操作同样适用于设置画布、文本框、艺术字等对象的填充效果。

方法 1：使用"绘图"工具栏。

步骤 1　在"绘图"工具栏上打开"填充颜色"按钮 ⬛▾ 的下拉列表，如图 7-40 所示，在其中选择图形的填充色。

步骤 2　在列表中选择"其他填充颜色"命令，在弹出的"颜色"对话框中可以选择更多的颜色，或者自定义颜色。

步骤 3　在列表中选择"填充效果"命令，可打开"填充效果"对话框，对话框中有 4 个选项卡，分别为"渐变"、"纹理"、"图案"和"图片"，选择后可以分别设置相应的填充效果，具体如下。

◆ "渐变"选项卡：在"颜色"选项组中选中"双色"单选按钮，可以在右侧设置"颜色 1"和"颜色 2"，表示设置一种从"颜色 1"过渡到"颜色 2"的渐变填充色，在"透明度"中可以设置颜色的透明度值，在"底纹样式"中可以选择渐变的方向，在"变形"中可以选择渐变的变形效果，如图 7-41 所示；在"颜色"选项组中选中"预设"单选按钮，则可以在右侧的下拉列表中选择预设的渐变效果，如图 7-42 所示。

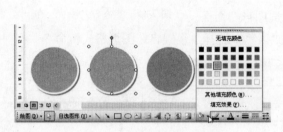

图 7-40　单击"填充颜色"按钮

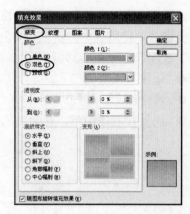

图 7-41　设置渐变色

✍ 提示：在"颜色"选项组中选中"单色"单选按钮，表示为图形设置一种颜色效果。

◆ "纹理"选项卡：选择该选项卡，可以在其中选择一种纹理作为所选图形的填充，单击"其他纹理"按钮，可以选择外部文件作为纹理，如图 7-43 所示。

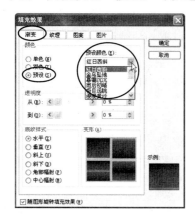
图 7-42　选择预设的渐变

图 7-43　设置纹理效果

◆ "图案"选项卡：选择该选项卡，可以设置一种不同前景色和背景色的图案，如图 7-44 所示。

◆ "图片"选项卡：选择该选项卡，单击"选择图片"按钮，可以选择外部的图片文件填充图形，如图 7-45 所示。

图 7-44　设置图案填充

图 7-45　设置图片填充

图 7-46 所示为在圆形中填充外部图片后的效果。

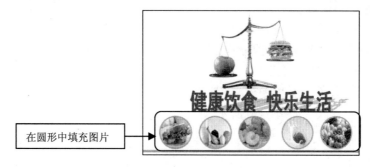
图 7-46　在图形中填充图案

方法 2：使用"设置自选图形格式"对话框。

打开"设置自选图形格式"对话框，在"填充"选项组中，可以打开"颜色"下拉列表，在其中设置颜色，方法与在"绘图"工具栏中设置是一样的，在"透明度"中可以设置填充颜色的透明度值，数据越大，越透明。

7.3.3　设置阴影效果

为了让图形更具立体感，可以为图形添加阴影效果，操作如下。

步骤 1　选中图形，在"绘图"工具栏上打开"阴影样式"按钮 的下拉列表。

步骤 2　在下拉列表中可选择阴影样式，如图 7-47 所示。

✍提示：在如图 7-47 所示的列表中，选择最上端的"无阴影"命令，可以取消所选图形的阴影效果。

步骤 3　在列表中选择"阴影设置"命令，弹出"阴影设置"工具栏，如图 7-48 所示。各按钮功能如下。

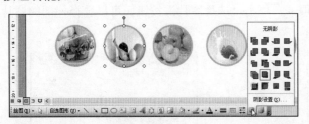

图 7-47　选择阴影样式　　　　　图 7-48　"阴影设置"工具栏

◆ ：单击该按钮，可以设置或取消阴影样式。
◆ ：单击该按钮，可向上移动阴影效果。
◆ ：单击该按钮，可向下移动阴影效果。
◆ ：单击该按钮，可向左移动阴影效果。
◆ ：单击该按钮，可向右移动阴影效果。
◆ ：打开该按钮的下拉列表，在其中可以选择阴影的颜色。

7.3.4　设置三维效果

使用"绘图"工具栏上"三维效果样式"按钮 ，可以为所选图形设置三维效果，如图 7-49 所示，操作如下。

步骤 1　选中图形，在"绘图"工具栏上单击"三维效果样式"按钮 ，在弹出的列表中可以选择三维样式，如图 7-50 所示。

✍提示：在图 7-50 所示的列表中，选择最上端的"无三维效果"命令，可以取消所选图形的三维效果。

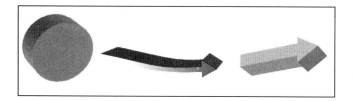

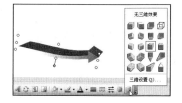

图 7-49　三维效果　　　　　　　　　　　图 7-50　选择三维样式

步骤 2　在列表中选择"三维设置"命令，可打开"三维设置"工具栏，如图 7-51 所示。工具栏上的各按钮功能如下。

◆ 　：单击该按钮，可以设置或取消三维效果样式。

◆ 　：单击该按钮，可将三维效果样式以中心为轴向下转动。

◆ 　：单击该按钮，可将三维效果样式以中心为轴向上转动。

◆ 　：单击该按钮，可将三维效果样式以中心为轴向左转动。

◆ 　：单击该按钮，可将三维效果样式以中心为轴向右转动。

◆ 　：单击该按钮，可在弹出的下拉列表中选择三维效果的深度，如图 7-52 所示。

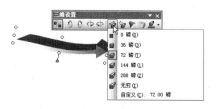

图 7-51　"三维设置"工具栏　　　　　　　图 7-52　设置"深度"

◆ 　：单击该按钮，可在弹出的下拉列表中选择三维效果的方向，如图 7-53 所示。

◆ 　：单击该按钮，可在弹出的下拉列表中设置照明角度和照明强度，如图 7-54 所示。

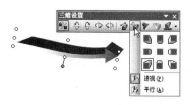

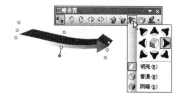

图 7-53　设置"方向"　　　　　　　　　　图 7-54　设置"照明角度"

◆ 　：单击该按钮，可在弹出的下拉列表中设置表面效果，如图 7-55 所示。

◆ 　：打开该按钮的下拉列表，可在其中设置颜色，如图 7-56 所示。

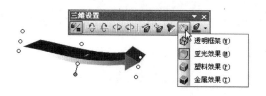

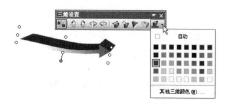

图 7-55　单击"表面效果"按钮　　　　　　图 7-56　设置三维颜色

7.3.5　设置环绕方式

用户可以为画布和图形设置环绕方式，也可以为插入的图片设置环绕方式。

✍ **提示**：将环绕方式设置为"嵌入型"，可以将对象视为文字，其他的环绕方式都可以称为"浮动型"，这种类型具有多种环绕方式可供选择。

1．为画布设置环绕方式

方法 1：使用工具栏。

选中画布，在"绘图画布"或"图片"工具栏上单击"文字环绕"按钮🖼，在弹出的列表中选择，如图 7-57 所示。

方法 2：使用"设置绘图画布格式"对话框。

步骤 1　选中画布，使用以下方法之一打开"设置绘图画布格式"对话框。

◆　用鼠标双击画布。

◆　选择"格式" | "绘图画布"命令。

◆　用鼠标右击画布，在弹出的快捷菜单中选择"设置绘图画布格式"命令。

步骤 2　在对话框中选择"版式"选项卡，如图 7-58 所示，在"环绕方式"选项组中选择。

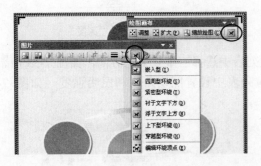

图 7-57　使用工具栏设置画布的文字环绕

图 7-58　使用对话框设置画布的文字环绕

步骤 3　在"水平对齐方式"选项组中，可以选择对齐单选按钮，分别为"左对齐"、"居中"和"右对齐"，单击"高级"按钮，弹出"高级版式"对话框，如图 7-59 所示，在其中不但可以选择环绕方式，还可以在"环绕文字"选项组中通过选择单选按钮设置环绕文字的方式；在"距正文"选项组中可以输入"上"、"下"、"左"、"右"的距离值。

✍ **提示**：在"高级版式"对话框中选择"图片位置"选项卡，在其中可以进行"水平对齐"、"垂直对齐"和"选项"的设置，如图 7-60 所示。

2．设置其他对象的环绕方式

对于处于画布中的图形、图片、文本框、艺术字等对象，无法对其设置环绕方式，只有独立置于画布之外的对象，才可以对其设置环绕方式。

图 7-59　设置文字环绕

图 7-60　设置图片位置

操作方法有如下两种。

方法 1：选中对象后，在"图片"工具栏上单击"文字环绕"按钮，在弹出的列表中选择。

方法 2：打开各自的格式设置对话框，选择"版式"选项卡，在其中进行设置，设置方法与画布是一样的。

✎**提示**：打开图形、图片、文本框、艺术字的格式对话框，其方法与打开"设置绘图画布格式"对话框的方法是一样的。

图 7-61 所示为选择"浮于文字上方"环绕方式的效果，图 7-62 所示为选择"四周型"环绕方式的效果。

图 7-61　浮于文字上方

图 7-62　四周型

7.3.6　本节考点

本节内容的考点如下：使用"绘图"工具栏设置图形的边框和填充；使用"绘图"工具栏设置图形的阴影和三维效果；使用"设置自选图形格式"对话框设置图形的填充、线条、环绕方式等。

7.4　插入图片和剪贴画

在文档中可以插入外部的图片文件，也可以插入 Word 自带的剪贴画。

7.4.1　插入图片

首先准备需要插入到文档中的图片文件，然后进行以下操作来插入。

步骤 1　定位光标到需要插入图片的位置。

步骤 2　选择"插入"｜"图片"｜"来自文件"命令，或者打开"图片"工具栏，在其中单击"插入图片"按钮🖼️，弹出"插入图片"对话框，在其中选择需要插入的图片，如图 7-63 所示。

步骤 3　单击"插入"按钮，可将所选图片插入到当前光标的所在位置处，如图 7-64 所示。

图 7-63　"插入图片"对话框　　　　　　　　图 7-64　插入的图片

✍️**提示**：如果要插入来自扫描仪或数码相机中的图片，可以选择"插入"｜"图片"｜"来自扫描仪或照相机"命令，在弹出对话框中单击"自定义插入"按钮，弹出获取图片对话框，选择照片，单击"获取图片"按钮即可插入。

7.4.2　插入剪贴画

使用"剪贴画"任务窗格，可以完成 Word 自带剪贴画的插入，操作如下。

步骤 1　定位光标到需要插入剪贴画的位置处，使用以下方法之一打开"剪贴画"任务窗格，如图 7-65 所示。

◆　选择"插入"｜"图片"｜"剪贴画"命令。

◆　打开任务窗格，在其中切换到"剪贴画"任务窗格。

步骤 2　在"搜索文字"文本框中输入需要搜索的关键字，如输入"狮子"；打开"搜索范围"下拉列表，可以在其中选择需要搜索的范围，如只选中"Web 收藏集"复选框，如图 7-66 所示；打开"结果类型"下拉列表，在其中可以选中需要搜索的媒体类型，如只想搜索剪贴画，那么就只选中"剪贴画"复选框，如图 7-67 所示。

步骤 3　设置完后单击 搜索 按钮，得到搜索结果，单击其中的剪贴画，可将其插入到当前光标的所在位置处，如图 7-68 所示。

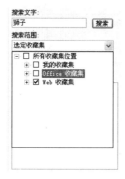

图 7-65　"剪贴画"任务窗格　　图 7-66　选择搜索范围　　图 7-67　选择搜索类型

图 7-68　插入搜索到的剪贴画

7.4.3　处理图片或剪贴画

使用"图片"工具栏可以对图片进行各种处理，如调整颜色、对比度、亮度，裁剪图片、压缩图片等；使用"设置图片格式"对话框，可以设置图片的边框、大小、版式等。

打开"图片"工具栏的方法如下。

方法 1：选择"视图"｜"工具栏"｜"图片"命令。

方法 2：用鼠标右击图片，在弹出的快捷菜单中选择"显示'图片'工具栏"命令。

打开的工具栏如图 7-69 所示，将鼠标指向各按钮，都将会显示按钮的名称。

图 7-69　"图片"工具栏

各按钮的功能见表 7-1。

表 7-1　"图片"工具栏上的按钮

按钮形状	按钮名称	按钮功能
	插入图片	单击该按钮，可以插入来自文件的图片
	颜色	单击该按钮，可以在其中选择"自动"、"灰度"、"黑白"和"冲蚀"效果
	增加对比度	单击该按钮，可以增加图片的对比度
	降低对比度	单击该按钮，可以降低图片的对比度
	增加亮度	单击该按钮，可以增加图片的亮度
	降低亮度	单击该按钮，可以降低图片的亮度
	裁剪	用于裁剪图片中的多余部分
	向左旋转 90°	用于使图片向左旋转 90°
	线型	用于设置图片的边线（只对处于"浮动型"的图片有效）
	压缩图片	单击该按钮，可以打开"压缩图片"对话框
	文字环绕	单击该按钮，可以在列表中选择所选对象的环绕方式
	设置图片格式	单击该按钮，可以打开"设置图片格式"对话框
	设置透明色	用于将图片中的背景色透明
	重设图片	单击该按钮，可以将图片恢复到原始状态

1．裁剪图片

步骤 1　选中图片，在"图片"工具栏上单击"裁剪"按钮。

步骤 2　拖动图片周围的控点，可以裁剪图片，如图 7-70 所示。

图 7-70　裁剪图片

提示：图 7-70 中裁剪的是处于"浮动型"的图片，当要裁剪"嵌入型"图片时，图片的控点与选中图片后显示的控点是一样的；另外剪裁掉的部分可以在单击"裁剪"按钮后，用拖动图片控点的方式进行恢复。

步骤 3　按住 Alt 键的同时拖动控制柄，可较平滑地裁剪图片；按住 Ctrl 键的同时拖动左右两侧或上下两侧的控制柄，可以两侧对称式地裁剪图片；按住 Ctrl 键的同时拖动图片 4 个角上的控点，可用图片中心为基点，对图片进行裁剪。

2．设置背景为透明

使用"图片"工具栏上的"设置透明色"按钮![图标]，可以将插入图片的背景色变成透明的，操作如下。

步骤 1　选中要处理的图片，在"图片"工具栏上单击"设置透明色"按钮![图标]。

步骤 2　将鼠标指针指向图片的背景色，鼠标指针变为![图标]形状，如图 7-71 所示，然后单击鼠标，可将单击处的颜色变成透明，如图 7-72 所示。

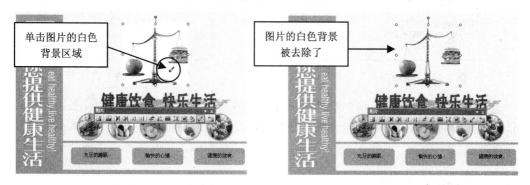

图 7-71　单击需要变成透明的颜色　　　　　　图 7-72　变成透明后的效果

3．压缩图片

使用"图片"工具栏上的"压缩图片"按钮![图标]，可以对所选的图片进行压缩处理，操作如下。

步骤 1　选中图片后，单击"压缩图片"按钮![图标]，打开"压缩图片"对话框，如图 7-73 所示。

步骤 2　在对话框中可以进行如下操作。

◆　"应用于"：在其中选中"选中的图片"单选按钮，表示只对当前所选的图片进行压缩；选中"文档中的所有图片"单选按钮，表示对文档中所有的图片进行压缩处理。

◆　"更改分辨率"：在其中选中"Web／屏幕"单选按钮，表示图片只用于 Web 或计算机中查看；选中"打印"单选按钮，表示图片用于打印，右侧显示了其分辨率，这种方式对图片的要求较高；选中"不更改"单选按钮，表示不进行压缩。

◆　"选项"：在其中选中"压缩图片"复选框，表示对图片进行压缩处理；选中"删除图片的剪裁区域"复选框，表示将彻底删除被裁剪掉的部分。

步骤 3　设置完后单击"确定"按钮。

4．设置图片格式

使用"设置图片格式"对话框，可以设置图片的线条、大小、版式等格式，可以用如下方法打开该对话框。

方法 1：用鼠标双击图片。

方法 2：选中图片后，选择"格式"|"图片"命令。

方法 3：用鼠标右击图片，在弹出的快捷菜单中选择"设置图片格式"命令。

方法 4：在"图片"工具栏上单击"设置图片格式"按钮![图标]。

该对话框的设置方法与"设置自选图形格式"对话框基本一样，唯一不同的是在"图片"选项卡，可以设置裁剪区域，以及颜色、亮度和对比度，如图 7-74 所示。

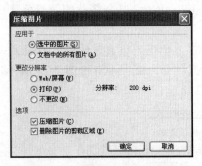

图 7-73　"压缩图片"对话框

图 7-74　"图片"选项卡

✍提示：当图片在文档中处于"嵌入型"环绕方式时，将无法用"设置图片格式"对话框设置它的边框，此时只能使用"边框和底纹"对话框对其设置边框效果；当图片在文档中处于"浮动型"环绕方式时，可以用"设置图片格式"对话框设置图片的边框。

7.4.4　本节考点

本节内容的考点如下：插入图片、处理图片。

◆ 插入图片：考题包括插入指定文件的图片、按照关键字搜索剪贴画、设置搜索范围和搜索的类型等。

◆ 处理图片：考题包括使用"图片"工具栏上的各个按钮进行操作、设置图片的填充和线条、设置图片的阴影、设置图片的大小和位置、设置图片的文字环绕方式、设置图片的对比度和亮度等。

7.5　添加文本框

文本框具有图形的特性，用户可以为它设置边框、填充效果、阴影和三维效果等，设置方法完全与图形是一样的，设置方法可参见设置图形部分的内容。下面着重介绍插入文本框的方法，以及与设置图形不同的部分。

7.5.1　插入文本框

文本框分为横排和竖排两种，用户可以自己来绘制文本框，也可以将已有的文本转换为文本框。

1．绘制文本框

步骤 1　使用以下方法之一执行文本框命令。

◆　选择"插入"｜"文本框"中的"横排"命令或"竖排"命令。

◆　在"绘图"工具栏上单击"文本框"按钮或"竖排文本框"按钮。

步骤 2　此时会在光标位置处自动插入一个文本框，用户也可以将鼠标指向需要添加文本框的位置，鼠标指针变成╋形状，按下鼠标并拖动，可以绘制出文本框。

步骤 3　在文本框中输入文本，如图 7-75 所示，对其中的文字格式，可以使用"格式"工具栏和"字体"对话框进行设置。

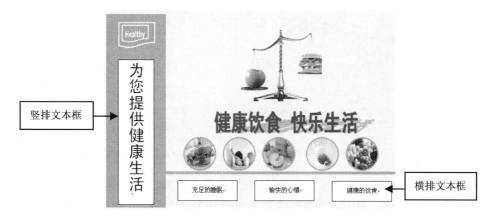

图 7-75　添加的文本框

✍提示：如果要更改文本框中文字的方向，可以选中文本框，然后选择"格式"｜"文字方向"命令，或者右击文本框，在弹出的快捷菜单中选择"文字方向"命令。

步骤 4　选中文本框后，与图形一样，可以为它设置边框、填充、阴影和三维效果等。

2．将文字转换为文本框

步骤 1　在文档中选中文本。

步骤 2　使用以下方法之一执行文本框命令。

◆　选择"插入"｜"文本框"中的"横排"命令或"竖排"命令。

◆　在"绘图"工具栏上单击"文本框"按钮或"竖排文本框"按钮。

✍提示：选中文本框，在"绘图"工具栏上单击按钮，在弹出的列表中选择"改变自选图形"中的形状，可以将所选文本框修改为该形状，图 7-76 所示为改变形状后并添加了三维效果的文本框。

7.5.2　设置文本框格式

使用"设置文本框格式"对话框，可以设置文本框的各种格式，打开"设置文本框格式"对话框的方法如下。

方法 1：用鼠标双击文本框的边框。

方法 2：选中文本框，选择"格式"｜"文本框"命令。

方法 3：用鼠标右击文本框，在弹出的快捷菜单中选择"设置文本框格式"命令。

打开的对话框中有"颜色与线条"、"大小"、"版式"和"文本框"选项卡可以设置，前 3 个选项卡的设置方法与"设置自选图形格式"对话框完全一样。

选择"文本框"选项卡，如图 7-77 所示，在"内部边距"选项组中的"左"、"右"、"上"、"下"文本框中，可以设置文本框中的文字与文本框边框之间的距离值。

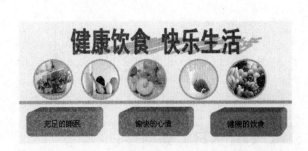

图 7-76　改变文本框的形状并添加三维效果　　　　图 7-77　设置"文本框"选项卡

📝提示：在对话框中，选中"Word 在自选图形中自动换行"复选框，表示在文本框中输入文本时，当超过文本框的宽度时会自动换行；选中"重新调整自选图形以适应文本"复选框，表示根据输入文本的多少来调整图形的大小。

7.5.3　本节考点

本节内容的考点主要集中在以下 5 点：插入文本框；删除文本框；设置文本框的格式；将选中的文字转换成文本框；更改文本框中文字的方向。

插入文本框需要掌握插入横排文本框和竖排文本框的几种方法。

删除文本框可以选中文本框，按 Delete 键删除。

设置文本框的格式需要首先掌握设置的几种方法，考点一般集中在为插入的文本框填充指定的颜色，设置文本框的大小，设置文本框中的文字效果，为插入的文本框设置内部边距，设置文本框的三维效果、阴影样式、文本框的环绕方式等。

将选中的文字转换成文本框：选中要转换为文本框的文字，选择"格式"｜"文本框"命令。

更改文本框中文字的方向：右击文本框中的任意位置，在弹出的快捷菜单中选择"文字方向"命令，在打开的"文字方向"对话框中可以更改文本框中文字的方向。

7.6　插入艺术字

与文本框一样，艺术字也具有图形的特性，用户可以为它设置边框、填充、阴影和三维效果等，设置方法与图形一样。

添加艺术字的方法有如下 3 种。

方法 1：选择"插入"|"图片"|"艺术字"命令。

方法 2：在"绘图"工具栏上单击"插入艺术字"按钮 。

方法 3：在"艺术字"工具栏上单击"插入艺术字"按钮 。

7.6.1　添加艺术字

下面举例来说明，操作如下。

步骤 1　使用以上插入艺术字的方法之一，打开"艺术字库"对话框，如图 7-78 所示，在对话框中选择一款艺术字样式，例如选择第 1 行第 4 列的样式，单击"确定"按钮。

步骤 2　此时弹出"编辑艺术字文字"对话框，如图 7-79 所示，输入文字，设置文字的格式。

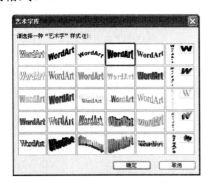

图 7-78　选择艺术字样式

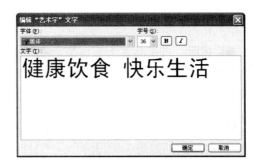

图 7-79　输入文字

✍**提示**：在文档中选择文字，然后执行插入艺术字的操作，可将所选文字转换为艺术字效果。

步骤 3　单击"确定"按钮，完成艺术字的添加，如图 7-80 所示。

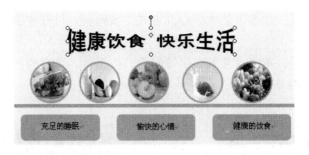

图 7-80　添加的艺术字

7.6.2　编辑艺术字

使用"艺术字"工具栏，可以对创建好的艺术字进行各种编辑，选中文档中的艺术字，打开"艺术字"工具栏，如图 7-81 所示。

图 7-81　"艺术字"工具栏

具体操作如下。

◆ 编辑文字：单击 编辑文字(X)... 按钮，可打开"编辑'艺术字'文字"对话框，在其中可以修改文字，并重新设置文字的格式。

✍ 提示：用鼠标双击文档中的艺术字，也可以打开该对话框，对文字进行编辑。

◆ 修改艺术字样式：单击"艺术字库"按钮，可打开"艺术字库"对话框，在其中可以重新指定艺术字的样式。

◆ 设置艺术字格式：单击"设置艺术字格式"按钮，可打开"设置艺术字格式"对话框，在其中可对艺术字的填充、线条、大小和文字环绕进行设置，与"设置自选图形格式"对话框的操作一样。

✍ 提示：用鼠标右击艺术字，在弹出的快捷菜单中选择"设置艺术字格式"命令，或者选中艺术字后，选择"格式"|"设置艺术字格式"命令，均可打开"设置艺术字格式"对话框。

◆ 选择艺术字的形状：单击"艺术字形状"按钮，在弹出的下拉列表选择艺术字的形状，如图 7-82 所示。

◆ 设置文字环绕方式：单击"文字环绕"按钮，可在弹出的列表中选择文字环绕方式，与设置图形的文字环绕方式是一样的。

◆ 设置字符高度：单击"艺术字字母高度相同"按钮，可设置艺术字中所含的字符高度为相同。

◆ 切换横排和竖排：单击"艺术字竖排文字"按钮，可将艺术字修改为横排方式或竖排方式。

◆ 设置对齐方式：单击"艺术字对齐方式"按钮，可在弹出的下拉列表中选择文字对齐方式。

◆ 设置字符间距：单击"艺术字字符间距"按钮，可在弹出的列表中选择字符间距，如图 7-83 所示。

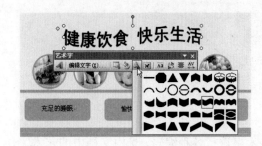

图 7-82　选择艺术字形状

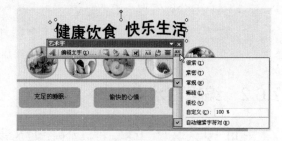

图 7-83　设置字符间距

7.6.3　本节考点

本节内容的考点如下：插入艺术字的常规方法、将所选的文本转换为艺术字、编辑艺术文字、修改艺术字样式、选择艺术字的形状、设置艺术字的文字环绕方式、设置艺术字字母高度相同、切换横排和竖排、设置艺术字对齐方式、设置艺术字字符间距、熟悉"设置艺术字格式"对话框的使用等。

7.7　绘制图示

在 Word 中可以插入组织结构图、循环图、维恩图、目标图等图示，选择"插入"|"图示"命令，可打开"图示库"对话框，如图 7-84 所，在其中选择图示的类型后，单击"确定"按钮，即可插入指定类型的图示。

7.7.1　插入组织结构图

步骤 1　使用上述方法打开"图示库"对话框，在其中选择第一种图示后单击"确定"按钮，或者选择"插入"|"图片"|"组织结构图"命令，可以插入一个组织结构图，如图 7-85 所示。

图 7-84　"图示库"对话框

步骤 2　在组织结构图的形状中，单击方框可输入所需的文字，如图 7-86 所示。

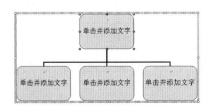

图 7-85　插入组织结构图

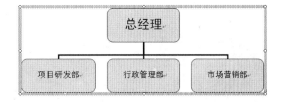

图 7-86　输入文字

步骤 3　插入图示后，会自动弹出"组织结构图"工具栏，如图 7-87 所示。

✍提示：如果没有自动弹出该工具栏，可以用鼠标右击图示，在弹出的快捷菜单中选择"显示组织结构图工具栏"命令。

图 7-87　"组织结构图"工具栏

工具栏上的各按钮功能如下。

◆ 　插入形状(N)　：打开该按钮的下拉列表，如图 7-88 所示，在其中可以选择"下属"、"同事"、"助手" 3 个选项，用来插入各种形状。

◆ 　版式(L)　：打开该按钮的下拉列表，在其中可以选择组织结构图的 4 种版式和自动版式，如图 7-89 所示。

◆ 　选择(C)　：打开该按钮的下拉列表，在其中可以选择组织结构图中的"级别"、"分支"、"所有助手"以及"所有连接线"，如图 7-90 所示。

◆ 　：单击该按钮后打开"组织结构图样式库"对话框，在其中可以选择各种套用的格式。

◆ 　：单击该按钮，可以在弹出的下拉列表中选择图示文字环绕方式，意义与设置画布的文字环绕方式是一样的。

◆ "显示比例" 100% ：在其中可以选择显示比例，也可以手动输入显示比例的数值。

图 7-88　插入形状

图 7-89　选择版式

图 7-90　"选择"按钮的下拉列表

7.7.2　组织结构图的形状编辑

当要在图示中增加其他形状时，可以进行如下操作。

步骤 1　在组织结构图中，选中需要添加形状的图文框。

步骤 2　在"组织结构图"工具栏上，打开 　插入形状(N)　按钮的下拉列表，选择"下属"，可以为所选图文框添加一个下一级的形状，如图 7-91 所示。

步骤 3　选择"同事"，可为所选图文框添加一个同一级的形状，如图 7-92 所示。

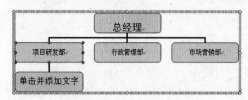
图 7-91　添加下属形状

图 7-92　添加同级别的形状

步骤 4　选择"助手"，可为所选的图文框添加一个延伸的形状，作为助手类的图文框，图 7-93 所示是为"总经理"图文框添加的"助手"。

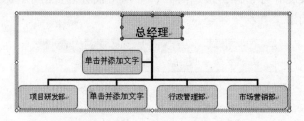
图 7-93　添加助手形状

步骤 5　当要删除形状时，可以选中该形状，然后按 Delete 键。

✎**提示：**选中形状后，选择"编辑"｜"清除"｜"内容"命令，或者用鼠标右击形状，在弹出的菜单中选择"删除"命令，也可以删除形状。

7.7.3　设置图示的版式和格式

使用"组织结构图"工具栏上的 版式 ⬚▾ 按钮，可以设置图示的版式效果，使用 ⬚ 按钮，可以为图示套用格式，操作如下。

步骤 1　在图示中选择最高级别的图文框，如图 7-94 所示，这里为"总经理"。

步骤 2　在"组织结构图"工具栏上打开 版式 ⬚▾ 按钮的下拉列表，在其中选择版式，例如选择"两边悬挂"项，效果如图 7-95 所示。

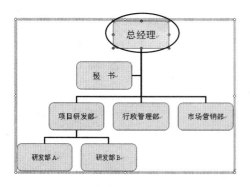

图 7-94　选择最高级别的图文框

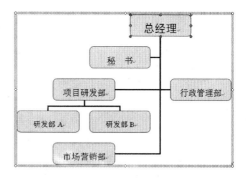

图 7-95　两边悬挂的版式

步骤 3　在"组织结构图"工具栏上单击"自动套用格式"按钮 ⬚，打开"组织结构图样式库"对话框，如图 7-96 所示。

步骤 4　在对话框左侧的"选择图示样式"列表框中选择一种样式，例如选择"三维颜色"项，单击"确定"按钮，可以为图示套用该格式，效果如图 7-97 所示。

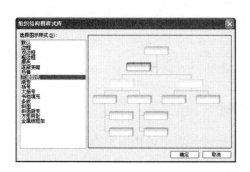

图 7-96　选择样式

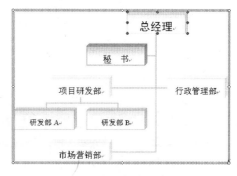

图 7-97　套用样式后的效果

7.7.4　插入其他图示

选择"插入"｜"图示"命令，打开"图示库"对话框，在其中选择其他类型的图示后单击"确定"按钮，可以插入相应的图示，如图 7-98 所示，插入的是一幅循环图示。

除组织结构图外，其他类型的图示都将会出现图 7-98 所示的工具栏，按钮的功能如下。

◆ 插入形状(N)：单击该按钮，可在图示中插入一个新形状。

◆ "后移图形"按钮和"前移图形"按钮：单击这两个按钮，可将所选的图形向后移动一个位置，或者向前移动一个位置。

◆ "反转图形"按钮：单击该按钮，可对图形的方向进行反转。

◆ 版式(L)：打开该按钮的下拉列表，可在其中选择调整图示大小的命令，如图 7-99 所示。

图 7-98　插入循环图示

图 7-99　选择版式

◆ "自动套用格式"按钮：单击该按钮，可打开"图示样式库"对话框，在其中选择套用的格式。

◆ 更改为(C)：打开该按钮的下拉列表，可在其中选择将当前图示转换为另一种类型图示的命令，如图 7-100 所示。

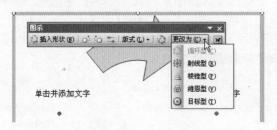

图 7-100　更改类型

◆ "文字环绕"按钮：单击该按钮，可在弹出的列表中选择图示的文字环绕方式。

7.7.5　本节考点

本节内容的考点如下：插入组织结构图、插入其他图示、添加图文框、设置图示的版式、设置图示的文字环绕方式、修改图示的类型、前移图形和后移图形等。

7.8　创建图表

为了更形象地体现表格中的数据，可以将表格用图表来表现。

7.8.1　插入图表

步骤 1　在 Word 中选中表格，如图 7-101 所示，如果没有表格，则可以在创建图表过程中来创建。

<table>
<tr><td colspan="5">各地区销售额分布（万元）</td></tr>
<tr><td></td><td>第一季度</td><td>第二季度</td><td>第三季度</td><td>第四季度</td></tr>
<tr><td>华东</td><td>1000</td><td>1200</td><td>1300</td><td>1400</td></tr>
<tr><td>华北</td><td>800</td><td>850</td><td>780</td><td>900</td></tr>
<tr><td>华南</td><td>900</td><td>1100</td><td>1150</td><td>1300</td></tr>
</table>

图 7-101　选中表格

步骤 2　在菜单栏选择"插入"｜"图片"｜"图表"命令，即可为所选数据表创建图表，如图 7-102 所示。

提示：选择"插入"｜"对象"命令，弹出"对象"对话框，在"对象类型"列表框中选择"Microsoft Graph 图表"选项，单击"确定"按钮，也可以插入图表。

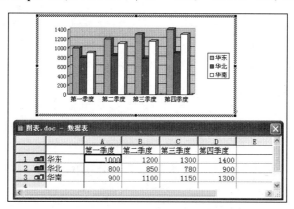

图 7-102　创建图表

提示：除了创建的图表之外，还会出现一个数据表，其中显示了创建图表前所选的表格内容，在其中可以修改，修改结果将反映在图表中。

步骤 3　用鼠标单击文档的空白处，完成图表的创建。

步骤 4　当要修改图表时，用鼠标双击图表，可进入图表的编辑状态。

提示：选中创建好的图表后，与图片一样，可以为图表设置填充、线条、大小、版式、阴影效果等。

7.8.2 修改图表的类型

步骤 1 双击图表，进入图表的编辑状态，使用以下方法之一打开"图表类型"对话框。

◆ 用鼠标右击图表，在弹出的快捷菜单中选择"图表类型"命令。

◆ 选中图表后，选择"图表"│"图表类型"命令。

步骤 2 在对话框中选择"标准类型"选项卡，在"图表类型"列表框中可以选择图表的类型，在"子图表类型"中单击需要的图表类型，如图 7-103 所示。图 7-104 所示为将图表修改为折线图后的效果。

✍提示：在"图表类型"对话框中，单击"按下不放可查看示例"按钮并按住不放，可预览图表效果。

图 7-103 设置图表的类型

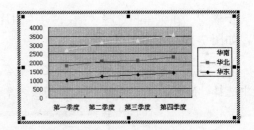

图 7-104 将图表修改为折线图

7.8.3 设置图表

使用"图表选项"对话框，可以设置图表的各种选项，包括标题、坐标轴、网格线、图例等，操作如下。

步骤 1 进入图标的编辑状态，选中图表，利用以下方法之一打开"图表选项"对话框，如图 7-105 所示。

◆ 选择"图表"│"图表选项"命令。

◆ 用鼠标右击图表的空白处，在弹出的菜单中选择"图表选项"命令。

步骤 2 在对话框中可以进行如下操作。

◆ 选择"标题"选项卡，在"图表标题"、"分类轴"和"数值轴"中可输入相应的标题文字。

◆ 选择"坐标轴"选项卡，如图 7-106 所示，在"主坐标轴"选项组中可选择是否在图表中显示"分类轴"和"数值轴"，选中"分类轴"复选框后，在下方还可以选择"自动"、"分类"和"时间刻度"3 项。

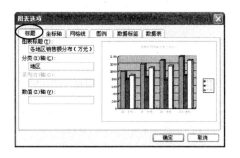

图 7-105　"标题"选项卡

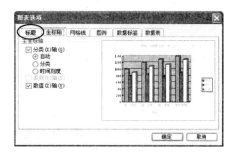

图 7-106　"坐标轴"选项卡

◆　选择"网格线"选项卡，如图 7-107 所示，在其中可以在"分类轴"和"数值轴"中设置是否显示"主要网格线"和"次要网格线"。

◆　选择"图例"选项卡，选中"显示图例"复选框，如图 7-108 所示，表示在图表中显示图例，取消选中则不显示图例，在"位置"选项组中可以选择图例放置的位置。

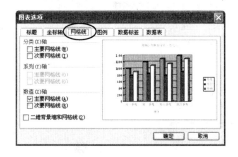

图 7-107　"网格线"选项卡

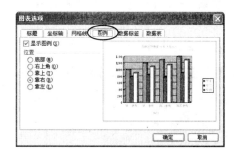

图 7-108　"图例"选项卡

◆　选择"数据标签"选项卡，如图 7-109 所示，在其中可以设置是否显示"系列名称"、"类别名称"和"值"等。

◆　选择"数据表"选项卡，如图 7-110 所示，在其中可以设置是否显示数据表，选中"显示数据表"复选框，可以在图标的下方显示数据表格。

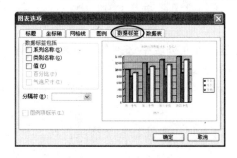

图 7-109　"数据标签"选项卡

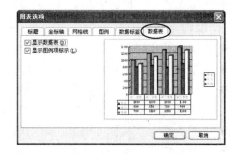

图 7-110　"数据表"选项卡

7.8.4　本节考点

本节内容的考点如下：根据已有的表格内容创建图表、在创建表格过程中输入数据、修改图表的类型、"图表选项"的设置等。

7.9 创建数学公式

对于从事于数学、工程等有关职业的用户，在文档中插入复杂的数学公式是很常见的事情，使用 Word 2003 中的"Microsoft 公式 3.0"，可以插入各种公式效果。

7.9.1 插入公式

使用"公式"工具栏，可以完成各种复杂公式的输入。

1. 了解"公式"工具栏

步骤 1 选择"插入"｜"对象"命令，弹出"对象"对话框，在"对象类型"中选择"Microsoft 公式 3.0"，如图 7-111 所示，单击"确定"按钮。

步骤 2 此时出现一个输入公式的文本框，并显示"公式"工具栏，如图 7-112 所示。

图 7-111　选择"Microsoft 公式 3.0"

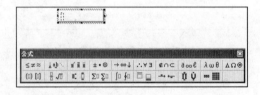

图 7-112　开始输入公式的状态

工具栏上的各按钮功能如下。

◆ "关系符号"按钮 ≤≠≈：单击该按钮，可在列表中选择大于号、小于号、全等号以及约等号等关系符号。

◆ "间距和省略号"按钮 ⸪⸫⋯：单击该按钮，可在列表中选择各类间距和省略号。

◆ "修饰符号"按钮 ⸯⸯⸯ：单击该按钮，可在列表中选择各类修饰符号。

◆ "运算符号"按钮 ±·⊗：单击该按钮，可在列表中选择加号、减号、乘号以及除号等运算符号。

◆ "箭头符号"按钮 →⇔↓：单击该按钮，可在列表中选择各类箭头符号。

◆ "逻辑符号"按钮 ∴∀∃：单击该按钮，可在列表中选择因为、所以等逻辑符号。

◆ "集合论符号"按钮 ∈∩⊂：单击该按钮，可在列表中选择包含、被包含以及全包含等集合论符号。

◆ "其他符号"按钮 ∂∞ℓ：单击该按钮，可在列表中选择无限大等其他符号。

◆ "希腊字母（小写）"按钮 λωθ：单击该按钮，可在列表中选择小写希腊字母。

◆ "希腊字母（大写）"按钮 ΔΩ℘：单击该按钮，可在列表中选择大写希腊字母。

◆ "围栏模板"按钮⑾⑿：单击该按钮，可在列表中选择各类围栏模板。
◆ "分式和根式模板"按钮⬚√⬚：单击该按钮，可在列表中选择各类分式和根式模板。
◆ "下标和上标模板"按钮⬚⬚：单击该按钮，可在列表中选择各类下标和上标模板。
◆ "求和模板"按钮Σ⬚Σ⬚：单击该按钮，可在列表中选择各类求和模板。
◆ "积分模板"按钮∫⬚∮⬚：单击该按钮，可在列表中选择各类积分模板。
◆ "底线和顶线模板"按钮⬚⬚：单击该按钮，可在列表中选择各类底线和顶线模板。
◆ "标签箭头模板"按钮→⬚←⬚：单击该按钮，可在列表中选择各类标签箭头模板。
◆ "乘积和集合论模板"按钮⋂⬚⋃⬚：单击该按钮，可在列表中选择输入各类乘积和集合论模板。
◆ "矩阵模板"按钮⬚⬚⬚：单击该按钮，可在列表中选择输入各类矩阵模板。

2. 插入公式的案例

下面举例来进行说明，例如要添加图 7-113 所示的公式，操作如下。

步骤 1　在文本框中输入"arctan"。

步骤 2　在"公式"工具栏上单击"希腊字母（大写）"按钮 ΔΩ⊗，在其中选择"χ"，如图 7-114 所示。

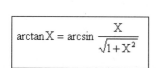

图 7-113　插入的公式模板

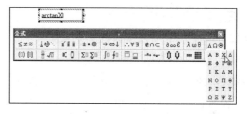

图 7-114　选择"χ"

步骤 3　输入"＝arcsin"，单击"分式和根式模板"按钮⬚√⬚，在弹出的菜单中选择第 1 个模板，如图 7-115 所示。

步骤 4　将光标定位在分子文本框中，单击"希腊字母（大写）"按钮 ΔΩ⊗，在其中选择"χ"，将光标定位到分母文本框中，单击"分式和根式模板"按钮⬚√⬚，选择第 4 行第 1 列根式，然后输入"1+χ"，如图 7-116 所示。

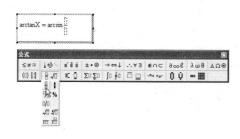

图 7-115　选择分式和根式模板

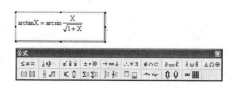

图 7-116　输入"1+χ"

步骤 5　单击"下标和上标模板"按钮⬚⬚，在弹出的菜单中选择第 1 个上标模板，如图 7-117 所示。

步骤 6　输入上标数字"2",在公式外单击鼠标,完成公式的输入,如图 7-118 所示。

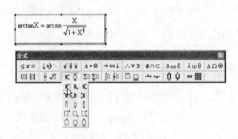

图 7-117　选择下标和上标模板

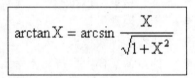

图 7-118　完成后的公式

✍提示:如果要删除公式,只需要选中公式,然后按 Delete 键即可,与删除图片对象相同。

7.9.2　修改公式

当公式有错误时,可以对其进行修改,修改的操作包括删除、重新输入、复制等,操作如下。

步骤 1　双击公式,进入公式的编辑状态。

步骤 2　在其中可以像修改普通文本一样修改公式的内容,如要修改公式的结构时,可以使用插入公式的方法。

步骤 3　使用菜单命令,可以对公式进行各种编辑。

◆ 设置间距:选择"格式"|"间距"命令,弹出"间距"对话框,如图 7-119 所示,在其中可以设置行距、矩阵行间距、矩阵列间距、上标高度、下标深度以及极限高度。

◆ 设置样式:打开"样式"菜单,在其中可以选择各种样式效果,选择"定义"命令,可打开"样式"对话框,如图 7-120 所示,可其中可以设置公式中的文字字体样式。

◆ 设置尺寸:打开"尺寸"菜单,在其中可以选择尺寸命令,选择"定义"命令,打开"尺寸"对话框,如图 7-121 所示,在其中可以设置公式中的上标、下标、符号等大小。

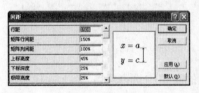

图 7-119　设置间距

图 7-120　设置样式

图 7-121　设置尺寸

7.9.3　本节考点

本节内容的考点如下：创建一个数学公式、修改公式的内容等。

7.10　本章试题解析

试　　　题	解　　　析
一、图形的绘制与编辑	
试题 1　使用工具栏，设置矩形的填充颜色为红色，线条颜色为绿色，线型宽度为 3 磅，边框为方点线	在"绘图"工具栏上依次设置
试题 2　为"左右箭头"图形设置线条颜色为蓝色，线型为短划线，添加阴影为"阴影样式 6"	在"绘图"工具栏中依次设置
试题 3　利用"绘图"工具栏，修改当前箭头图形为"箭头样式 7"	利用"绘图"工具栏中的"箭头样式"按钮
试题 4　已知在当前画布中已经选中了各图形，要求将它们相对于画布纵向分布，然后垂直居中对齐	参见"7.2.3 调整对齐和分布"
试题 5　使用工具栏，将当前所选的图形放置到最下层	在"绘图"工具栏上选择"绘图"|"叠放次序"|"置于底层"命令
试题 6　利用"绘图"工具栏，将当前选中的图形组合起来	选择"绘图"|"组合"命令
试题 7　利用右键菜单，将当前组合的图形取消组合	右击图形，在弹出的快捷菜单中选择"组合"|"取消组合"命令
试题 8　选中"横卷形"图形，利用工具栏，为它设置"雨后初晴"的渐变填充，再设置一种编织物纹理的填充	打开"绘图"工具栏中的 下拉列表，选择"填充效果"
试题 9　使用菜单命令，设置图形的填充色为红色，线条为蓝色，宽度为 3 磅，线型为"长划线-点"	在"设置自选图形格式"对话框中设置
试题 10　选中画布，使用菜单命令，为画布设置背景色为红色，边框颜色为黄色，通过输入数值的方法，设置透明度为 45%	在"设置绘图画布格式"对话框中设置
试题 11　选中当前文档中的"笑脸"图形，将它旋转 45°	打开"设置自选图形格式"对话框，在"大小"选项卡中设置
试题 12　为当前所选的图形添加"三维样式 12"的效果，设置颜色为黄色	利用"绘图"工具栏中的"三维效果样式"按钮
试题 13　选中当前文档中的"五角星"图形，为图形设置阴影效果为"阴影样式 10"，然后在图形上添加文字"总经理"	设置阴影效果后，右击图形，选择"添加文字"命令，然后输入文字

试　题	解　析
试题 14　要求将当前所选图形的阴影效果删除	在"绘图"工具栏上单击▣，选择"无阴影"
试题 15　利用"图片"工具栏，设置绘图画布为四周型环绕方式	选中画布，在"图片"工具栏上单击▣按钮，在其中选择
试题 16　利用对话框，设置所选图形的环绕方式为浮于文字上方	打开"设置自选图形格式"对话框，在"版式"选项卡中选择
试题 17　利用对话框设置图形的对齐方式为右对齐	在"设置自选图形格式"对话框的"版式"选项卡中选择
二、插入和处理图片	
试题 1　在当前位置插入外部图片文件"陶渊明1.jpg"（该文件被保存在桌面上）	参见"7.4.1 插入图片"
试题 2　打开"剪贴画"任务窗格，搜索关键字为"狮子"的剪贴画，选择"搜索范围"为"Web 收藏集"，在"结果类型"只选中"剪贴画"复选框	参见"7.4.2 插入剪贴画"
试题 3　在当前文档中，选中图片，然后利用工具栏将它设置为黑白	参见"7.4.3 处理图片或剪贴画"
试题 4　在当前文档中，选中图片，设置图片为灰度效果，再设置为冲蚀效果	参见"7.4.3 处理图片或剪贴画"
试题 5　将当前所选图片的背景色变成透明的，再为它添加"阴影样式 6"，设置阴影的颜色为绿色	使用"图片"工具栏上的▨按钮将背景色变成透明，接着利用"绘图"工具栏设置阴影
试题 6　在当前文档中，要求对所选的图片进行重新设置	在"图片"工具栏上单击▨按钮
试题 7　在当前文档中，压缩所选的图片，要求选择分辨率为"Web/屏幕"	参见"7.4.3 处理图片或剪贴画"
试题 8　利用菜单命令，设置当前所选图片的填充色为红色，线条颜色为蓝色，宽度为 3 磅，线型为"圆点"	打开"设置图片格式"对话框，在"颜色和线条"中设置
试题 9　要求利用菜单命令，精确设置图片的大小，高度为 4cm，宽度为 5cm	在"设置图片格式"对话框的"大小"选项卡中设置
试题 10　利用菜单命令，设置图形的缩放比例，其中高度为 80%，宽度为 60%	打开"设置图片格式"对话框，选择"大小"选项卡，取消选中"锁定纵横比"复选框，然后输入数值
试题 11　利用对话框，设置当前所选的图片版式为浮于文字上方（要求用鼠标双击打开对话框）	在"设置图片格式"对话框的"版式"选项卡中选择
试题 12　利用右键菜单，设置图片的文字环绕方式为四周型，设置填充色为红色，透明度设为 40%（要求通过输入数值的方式）	利用右键打开"设置图片格式"对话框，在"版式"选项卡中选择"四周型"，再在"颜色和线条"选项卡中设置透明度
试题 13　利用鼠标双击的方法，设置图片的文字环绕方式为穿越型	打开"设置图片格式"对话框的"版式"选项卡，单击"高级"按钮，选择"穿越型"
试题 14　在当前文档中，设置所选图片的位置，要求为栏右侧的 8cm 处（利用鼠标双击打开对话框）	打开"设置图片格式"对话框的"版式"选项卡，单击"高级"按钮，选择"图片位置"选项卡，选择"绝对位置"为"栏"，在"右侧"中输入"8"

试　题	解　析
试题 15　利用菜单命令，设置当前所选图片的对比度为 30%（要求通过输入数值）	在"设置图片格式"对话框的"图片"选项卡中设置
三、添加文本框	
试题 1　使用菜单命令插入一个横排文本框，输入文字"充足的睡眠"	参见"7.5.1　插入文本框"
试题 2　利用工具栏插入一个竖排文本框，输入文本"为您提供健康生活"，然后利用菜单命令设置填充颜色为红色，线条为黄色	参见"7.5.1　插入文本框"，然后在"设置文本框格式"对话框的"颜色与线条"选项卡中设置
试题 3　将当前所选的文本转换为横排文本框，利用工具栏设置文本框的边框颜色为红色，宽度为 3 磅	参见"7.5.1　插入文本框"，然后在"绘图"工具栏中设置
试题 4　将当前所选的文本转换为竖排文本框，使用对话框设置文字在自选图形中自动换行	参见"7.5.1　插入文本框"，然后打开"设置文本框格式"对话框，在"文本框"选项卡中选中"Word 在自选图形中自动换行"复选框
试题 5　已知当前选中了文本框中的文本，要求用右键菜单设置字体为隶书，颜色为红色，大小为 32，加粗和倾斜，再利用工具栏居中对齐	右击文本，选择"字体"命令，在弹出对话框中设置字体属性，再单击"格式"工具栏上的"居中"按钮
试题 6　为当前所选的文本框添加阴影效果，要求为"阴影样式 6"，将阴影右移两次，设置阴影颜色红色	使用"绘图"工具栏中的▣按钮
试题 7　设置文本框的三维效果为"三维效果 6"，设置三维颜色为红色，向上转动 2 次，选择照明角度为第 2 行第 1 列的照明角度	使用"绘图"工具栏中的▣按钮
试题 8　将所选文本框的填充色设置为红色，再通过输入数值的方式设置为半透明效果	在"设置文本框格式"对话框的"颜色与线条"选项卡中，选择填充色后设置透明度为 50%
试题 9　为所选文本框设置格式，要求利用工具栏设置填充色为红色，字体颜色为蓝色，添加"阴影样式 6"的效果	在"绘图"工具栏中设置填充色和阴影样式，在"格式"工具栏中设置文字颜色
试题 10　在当前文档中，要求将文本框的宽度设置为 3cm，高度设置为 5cm。	在"设置自选图形格式"对话框的"大小"选项卡中设置
试题 11　在当前文档中，要求锁定纵横比，设置文本框缩放大小，宽度和高度均为 110%	在"设置文本框格式"对话框的"大小"选项卡中设置，在设置之前需要先选中"锁定纵横比"复选框
试题 12　利用对话框设置文本框的文字环绕方式为"浮于文字上方"，并设置重新调整文本框大小以适应文本	在"设置文本框格式"对话框的"版式"选项卡中选择"浮于文字上方"，选择"文本框"选项卡，选中"重新调整自选图形以适应文本"复选框
试题 13　利用对话框设置文本框的文字环绕方式为紧密型，设置"水平对齐方式"为"右对齐"。	在"设置文本框格式"对话框的"版式"选项卡中选择"紧密型"，再选中"右对齐"单选按钮
试题 14　利用对话框设置文本框的间距，要求"上"、"下"、"左"、"右"均为 0.3	在"设置文本框格式"对话框的"文本框"选项卡中分别输入
试题 15　使用右键设置文本框中文字的方向，要求为第 2 行的第 2 种格式	右击文本框中的文本，选择"文字方向"命令，在弹出对话框中选择需要的方向

试　题	解　析
四、插入艺术字	
试题 1　使用"绘图"工具栏插入艺术字,文字为"健康饮食 快乐生活",选择样式为第 1 行第 4 列中的样式,选择字体为"黑体",字号为"36",其他为默认	参见"7.6.1 插入艺术字"
试题 2　在当前文档中,使用菜单命令,将选中的文字设置为艺术字,具体样式为第 1 行第 5 列中的样式,其他按默认设置	选中文字,然后选择"插入"|"图片"|"艺术字"命令
试题 3　在当前文档中,要求为所选的艺术字修改为"为您提供健康生活"	参见"7.6.2 编辑艺术字"
试题 4　在当前文档中,修改所选艺术字的字体为隶书,字号为 40,加粗并倾斜	参见"7.6.2 编辑艺术字"
试题 5　在当前文档中,要求修改所选艺术字的形状,具体形状为第 3 行第 6 列中的形状	参见"7.6.2 编辑艺术字"
试题 6　在当前文档中,要求修改艺术字的样式,具体样式为第 1 行第 5 列的样式	参见"7.6.2 编辑艺术字"
试题 7　已知当前的艺术字为横排文字,要求将它修改为竖排文字	参见"7.6.2 编辑艺术字"
试题 8　选中文档中的艺术字,要求修改其对齐方式为延伸调整	参见"7.6.2 编辑艺术字"
试题 9　利用对话框,设置艺术字,要求将其旋转 30°,然后设置高度缩放比例为 130%,宽度缩放比例为 160%	打开"设置艺术字格式"对话框,选择"大小"选项卡,在其中分别设置
试题 10　在当前文档中,选中艺术字,将它设置为字母高度相同,设置字符间距为很松	参见"7.6.2 编辑艺术字"
试题 11　在当前文档中,选中艺术字,为它添加阴影效果,要求选择"阴影样式 6",阴影的颜色为红色	在"绘图"工具栏上,通过单击 █ 按钮来进行设置
试题 12　在当前文档中,选中艺术字,为它添加三维效果,要求选择"三维样式 2",设置颜色为红色,选择深度为 72 磅,方向为"透视"	在"绘图"工具栏上,通过单击 █ 按钮来进行设置
试题 13　在当前文档中,选中艺术字,为它添加三维效果,要求选择"三维样式 7",设置照明角度为第 3 行第 3 列的角度,选择"明亮",设置表面效果为金属效果	在"绘图"工具栏上,通过单击 █ 按钮来进行设置
试题 14　在当前文档中,选中艺术字,利用"艺术字"工具栏设置它的填充色为红色,透明度为半透明(通过输入数值的方式),再为它添加黄色的线条	在"艺术字"工具栏上单击"设置艺术字格式"按钮 █ ,在弹出对话框中设置
试题 15　在当前文档中,选中艺术字,利用菜单命令设置高度为 2cm,宽度为 12cm,设置旋转为 30°	打开"设置艺术字格式"对话框,选择"大小"选项卡,在其中设置

试　　题	解　　析
试题 16　在当前文档中，选中艺术字，利用工具栏设置文字环绕方式为紧密型	在"艺术字"工具栏上单击"文字环绕"按钮⊠，然后选择
试题 17　在当前文档中，选中艺术字，利用菜单命令设置环绕方式为穿越型，文字只在最宽的一侧	打开"设置艺术字格式"对话框的"版式"选项卡，单击"高级"按钮，选择"穿越型"，再选中"只在最宽的一侧"单选按钮
五、绘制图示	
试题 1　使用菜单命令插入组织结构图，设置它的版式为两边悬挂	选择"插入"|"图片"|"组织结构图"命令，在"组织结构图"栏上修改版式
试题 2　在图示中，为"项目研发部"图文框添加一个下属图文框	参见"7.7.2 组织结构图的形状编辑"
试题 3　在图示中，为"总经理"图文框添加一个助手图文框	参见"7.7.2 组织结构图的形状编辑"
试题 4　选中文档中的组织结构图，修改文字环绕方式为紧密型环绕方式	选中图示后单击"组织结构图"工具栏上的⊠按钮，选择"紧密型环绕"
试题 5　在当前文档中，选中图示，将其类型更改为循环型，设置图示为粗边框样式	在"图示"工具栏上单击 更改为ⓒ▾ 按钮，选择"循环型"，再单击"自动套用格式"按钮🔅，选择"粗边框"样式
试题 6　在当前文档中，利用菜单命令，插入一幅维恩图	选择"插入"|"图示"命令进行插入
试题 7　在当前文档中，利用菜单命令插入一个循环图，设置版式为调整图示以适应内容	选择"插入"|"图示"命令进行插入，在"图示"工具栏上选择版式
试题 8　要求将当前循环图进行反转	选中图示后，在"图示"工具栏上单击⇄按钮
试题 9　在当前循环图中，要求将"第一步"向前移一个位置	选中"第一步"文本框后单击"图示"工具栏上的"前移图形"按钮◌
六、创建图表	
试题 1　在文档中，根据表格内容创建图表	选中表格，选择"插入"|"图片"|"图表"命令
试题 2　利用右键菜单，将图表类型修改为折线图中的第 2 行第 2 列中的样式	参见"7.8.2 修改图表的类型"
试题 3　利用菜单命令，对图表进行设置，要求不显示图例	参见"7.8.3 设置图表"
七、创建数学公式	
试题 1　创建一个数学公式：$\arctan X = \arcsin \dfrac{X}{\sqrt{1+X^2}}$	参见"7.9.1 插入公式"中的"2. 插入公式的案例"
试题 2　要求对文档中的公式进行修改，将公式中的"X"为"X_1"	双击公式后，定位光标，然后单击"下标和上标模板"按钮⊠▪ 设置下标，输入数字

第 8 章　长文档的处理

考试基本要求

掌握的内容：

◆　多级大纲的设置；

◆　展开、折叠和分级显示大纲；

◆　移动级别中的内容；

◆　列表样式的使用。

熟悉的内容：

◆　脚注和尾注的添加；

◆　多级符号的使用；

◆　题注的添加；

◆　创建文档目录和图标目录的方法。

了解的内容：

◆　主文档和子文档的使用；

◆　添加交叉引用和索引。

本章讲述了大纲的使用、将主文档拆分为子文档，以及文档中的引用三大方面的知识。具体包括多级大纲的设置和应用、使用多级符号和列表样式、将文档拆分成子文档、添加脚注和尾注、添加交叉引用、添加索引和目录等。

8.1　使用大纲组织文档

当编辑比较长的文档时，用户可以使用"大纲视图"，在"大纲视图"中，利用多级
列表可以统一长文档中的组织结构。

进入"大纲视图"的方法如下。

方法 1：选择"视图" | "大纲"命令。

方法 2：单击水平滚动条左侧的"大纲视图"按钮 。

方法 3：按快捷键 Ctrl+Alt+O。

8.1.1　设置段落级别

打开"大纲视图"后，在其中输入标题文字，每个标题均为一个独立的段落，如图 8-1
所示。在大纲中共可设置 9 个级别，下级相对于上级将会以缩进两个字符来表现，如图
8-2 所示，具体可以使用"大纲"工具栏来设置。

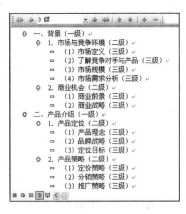

图 8-1　在"大纲视图"中输入标题　　　　图 8-2　设置完后的大纲级别

　　提示："大纲"工具栏会随着"大纲视图"的打开而打开，如果没有被打开，那么
可以选择"视图" | "工具栏" | "大纲"命令来进行打开。

操作如下。

步骤 1　在"大纲视图"中，将光标定位到要调整列表层次的段落中。

步骤 2　在"大纲"工具栏上，打开"大纲级别"下拉列表，如图 8-3 所示，在其中
选择一种级别；图 8-4 所示是将第一段落设置为"1 级"后的效果，此时会在左侧出现一
个 符号；图 8-2 所示是为各级标题分别设置了"1 级"、"2 级"、"3 级"的效果。

步骤 3　图 8-5 所示为"大纲"工具栏，利用该工具栏上的按钮可以对大纲进行各种
操作，具体功能如下。

◆ "提升到'标题 1'"按钮：单击该按钮，可将光标所在位置处的段落提升到一
级标题，并将段落的样式设置为"标题 1"样式。

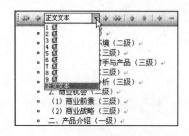 

图 8-3 "大纲级别"下拉列表　　　　　图 8-4 将第一段落设置为"1 级"

图 8-5 "大纲"工具栏

- ◆ "提升"按钮：单击该按钮，可以将光标位置处的段落级别提升一级。
- ◆ "降低"按钮：单击该按钮，可以将光标位置处的段落级别降低一级。
- ◆ "降为正文文本"按钮：单击该按钮，可以将光标位置处的段落级别变为正文。

提示：定位好光标后，每按一次 Tab 键，可减小一个列表级别；每按一次 Shift+Tab 键，可增加一个列表级别。

- ◆ "上移"按钮：单击该按钮，可以将光标位置处的段落移到上一段落之前。
- ◆ "下移"按钮：单击该按钮，可以将光标位置处的段落移到下一段落之后。
- ◆ "展开"按钮：单击该按钮，展开光标位置处标题中的内容，每单击一次展开一级。
- ◆ "折叠"按钮：单击该按钮，折叠光标位置处标题的内容，每单击一次折叠一级。
- ◆ "只显示首行"按钮：单击该按钮，表示显示正文各段落的首行而隐藏其他行。
- ◆ "显示格式"按钮：单击该按钮，可以显示或隐藏字符格式。

8.1.2　大纲的选择与显示

大纲的选择与显示包括选中指定级别中的内容、折叠和展开指定的级别，以及显示或隐藏级别。

1．选择指定级别中的内容

在"大纲视图"中，每个段落的左边都会显示一个符号，共有三种符号类型，分别为✿、□和□，单击符号，可以选中相应的段落；用鼠标拖动选中的段落，可以改变段落的位置。

提示：✿表示带有从属文本的标题，□表示不带从属文本的标题，□表示正文内容。

2．折叠和展开大纲

用户可以折叠标题，隐藏其中的从属文本；也可以展开标题，将其中的从属文本显示出来。

（1）折叠大纲

方法 1：用鼠标双击标题左侧的✛符号，可折叠标题，如图 8-6 所示。

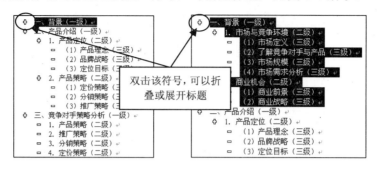

图 8-6　折叠标题　　　图 8-7　展开标题

方法 2：把光标定位到需要折叠的标题上，在"大纲"工具栏上单击"折叠"按钮━。

（2）展开大纲

方法 1：用鼠标双击标题左侧的✛符号，可以将折叠的标题展开。

方法 2：把光标定位到需要展开的标题上，在"大纲"工具栏上单击"展开"按钮╋。

3．显示级别

使用"大纲"工具栏上的"显示级别"下拉列表，用户可以快速地显示指定级别的标题，或者显示所有级别，如图 8-8 所示。

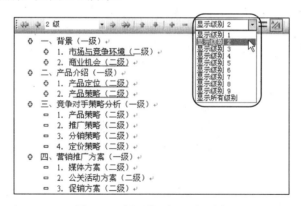

图 8-8　"显示级别"下拉列表

8.1.3　使用多级符号

多级符号是指在编号中具有子编号，即符号层层嵌套的效果，使用多级符号的操作如下。

步骤 1　定位好光标或选中段落后，打开"项目符号和编号"对话框，选择"多级符号"选项卡，如图 8-9 所示。

步骤 2　在对话框中选择一种多级符号样式，单击 自定义(T)... 按钮。

步骤 3　弹出"自定义多级符号列表"对话框，如图 8-10 所示，在其中可以进行如下操作。

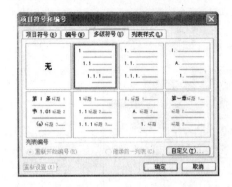

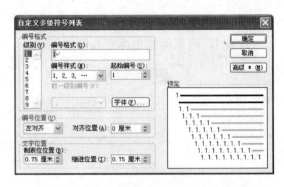

图 8-9 "多级符号"选项卡　　　　　　　　图 8-10 "自定义多级符号列表"对话框

◆ "级别": 在"级别"列表框中可以选择需要设置的级别, 如要设置第一级标题, 则选择"1"。

◆ "编号格式": 在其中可以输入要定义的编号格式, 应保持灰色阴影编号代码不变, 然后根据实际需要在代码前后输入字符, 如在数字"1"之前输入"第"字, 在后面输入"章"字, 如图 8-11 所示。

◆ "字体"按钮: 单击该按钮, 可设置编号的字体、字号、字体颜色、下划线等。

◆ "编号样式": 在其中可以选择一种编号样式, 在右侧可以设置"起始编号"。

◆ "编号位置": 在其中可以设置编号的左页边距与文字的对齐方式。

◆ "文字位置": 在其中可以设置编号后的文字部分的制表位和缩进位置。

✍提示: 打开"编号样式"下拉列表, 在其中可以选择编号, 也可以选择项目符号的方式, 选择"新图片"项, 可以将指定图片作为项目符号; 上面介绍了级别 1 的设置方法, 其他级别的设置方法也是一样的, 在"级别"中选择对应的级别后进行设置即可。

步骤 4 设置完后单击"确定"按钮, 输入文本, 该文本将为刚刚所设置的级别, 按 Enter 键后下一段落将延续上一段落的级别, 依次输入标题。

步骤 5 按 Enter 键后切换到下一段落, 按 Tab 键, 可将该段落设置为下一级别, 然后输入标题, 用同样的方法可以完成各级标题的输入, 如图 8-12 所示。

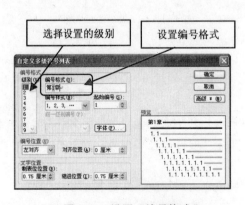

图 8-11 设置"编号格式"　　　　　　　图 8-12 输入各级标题

✍ 提示：按快捷键 Shift+Tab，可以返回到上一级别。

8.1.4　使用列表样式

使用"项目符号和编号"对话框中的"列表样式"选项卡，可以添加和修改列表样式，操作如下。

步骤 1　在"大纲视图"中选中标题，打开"项目符号和编号"对话框，选择"列表样式"选项卡，如图 8-13 所示。

步骤 2　在"列表样式"列表框中选择一种列表样式，确定后可以将该样式应用到所选的标题上，单击"修改"按钮，弹出"修改样式"对话框，在其中可以对所选样式的格式进行修改，如图 8-14 所示。

✍ 提示：单击"修改样式"对话框中的"格式"按钮，在弹出的列表中选择"编号"命令，可以修改编号格式。

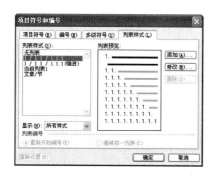

图 8-13　"列表样式"选项卡

图 8-14　修改选中的样式

步骤 3　在"项目符号和编号"对话框中单击"添加"按钮，可以新增样式，具体设置与修改样式是一样的。

步骤 4　设置完后单击"确定"按钮。

8.1.5　本节考点

本节内容的考点如下：设置标题的级别、展开和折叠标题、上移和下移标题、显示指定的级别和显示所有级别、提升和降低级别、修改多级别的标题、修改列表样式等。

8.2　应用主文档和子文档

子文档，是指在制作长篇文档时，可以将主文档分成若干部分，每一部分即为一个子文档，例如，用户可以把每一章作为一个子文档，而主文档则可以控制各子文档。

8.2.1   将主文档划分成子文档

下面举例来说明，如要将 8.1 节案例中的文档的每一章，都创建成一个子文档，操作如下。

步骤 1   打开文档后选择"大纲视图"，选中需要创建为子文档的内容，例如选中第 1 章的内容，如图 8-15 所示。

步骤 2   单击"大纲"工具栏上的"创建子文档"按钮 ，可将选中的内容创建为一个子文档，如图 8-16 所示，用同样的方法，可以将其他章的内容创建成子文档。

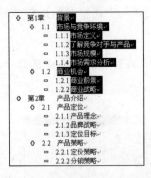

图 8-15   选中要创建子文档的内容   图 8-16   创建的子文档

步骤 3   最后将文档保存起来，Word 会自动将创建的子文档进行分别保存，如图 8-17 所示。

✍ **提示**：在保存时，子文档的文件名称为所选文本的第一行内容，如第 1 章的第一行文本为"背景"，因此该子文档的文件名称为"背景.doc"，第 2 章子文档的名称为"产品介绍"，以此类推。

步骤 4   此时再打开主文档，可以看到其中各个子文档是以超链接的方式显示的，如图 8-18 所示。

图 8-17   自动保存的子文档   图 8-18   各子文档以超链接的形式显示

步骤 5 如果要在主文档中显示各子文档的内容，可在"大纲"工具栏上单击"展开子文档"按钮。

8.2.2 在主文档中插入子文档

用户也可以在主文档中插入子文档文件，操作如下。

步骤 1 打开主文档，切换到"大纲视图"，在"大纲"工具栏上单击"展开子文档"按钮，可将其展开。

步骤 2 定位光标到需要插入子文档的位置处，单击"大纲"工具栏上的"插入子文档"按钮，在打开的对话框中选择要插入的子文档文件后单击"打开"按钮，可将所选子文档插入到主文档中。

步骤 3 对主文档执行保存操作。

8.2.3 调整子文档

用户可以在主文档中对子文档进行各种操作，具体如下。

步骤 1 在"大纲"工具栏上单击"主控文档视图"按钮（该按钮被按下），可切换到主控文档视图，再次单击可退出该视图，图 8-19 所示是退出该视图的效果。

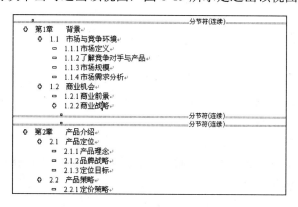

图 8-19　退出主控文档视图

步骤 2 单击子文档左上角的按钮，可将其选择，在"大纲"工具栏上单击"锁定文档"按钮，可将子文档锁定，被锁定的子文档将无法进行修改或删除操作，再次单击该按钮可解锁。

步骤 3 选中子文档后，单击"删除子文档"按钮，可删除子文档，该子文档的内容将成为主文档的一部分，如图 8-20 所示。

提示：子文档被删除后，子文档内容的边框将会消失。

步骤 4 如果要删除子文档的内容，那么可以选择子文档后，按 Delete 键。

步骤 5 选中子文档，然后将其拖动到目标位置处，可以移动子文档的位置。

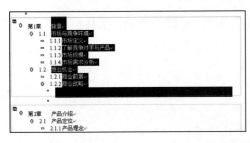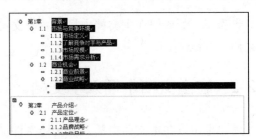

图 8-20　使子文档成为主文档的一部分

8.2.4　本节考点

本节内容的考点如下：将指定的内容创建为子文档、在主文档中插入指定的子文档文件、删除指定的子文档等。

8.3　在文档中引用

在长文档中，为了帮助读者更好地阅读，常常需要作一些引用，包括添加脚注、尾注和题注，插入交叉引用，以及创建索引、目录等。

8.3.1　脚注和尾注

脚注与尾注的含义基本相同，只是脚注位于文档文字之下或者页面下端，而尾注位于节的结尾或文档的结尾，两者都是对文档内容的补充说明，例如，使用脚注或尾注的方式介绍文章的背景、文章的作者等。

添加脚注或尾注的操作如下。

步骤 1　将光标定位到要插入脚注的位置处或者选中需要添加脚注的文本。

步骤 2　选择"插入"|"引用"|"脚注和尾注"命令，弹出"脚注和尾注"对话框，如图 8-21 所示。

图 8-21　"脚注和尾注"对话框

步骤 3　在该对话框中可以进行如下操作。

◆　"位置"：选中"脚注"单选按钮，表示添加的为脚注，在右侧的下拉列表可以选择脚注的位置为"页面底端"或"文字下方"；选择"尾注"单选按钮，表示将添加尾注，在其右侧下拉列表中可以选择尾注的位置为"文档结尾"或"节的结尾"。

◆　"格式"：在"编号格式"下拉列表中可选择脚注编号的样式，如选中"1，2，3，…"项；在"自定义标记"中可以输入自己定义的符号，单击"符号"按钮则可以选择符号作为标记；在"起始编号"文本框中可输入数字，表示第 1 个脚注的编号数；在"编号方式"下拉列表中可选择编号的方式，有 3 项可供选择，分别为"连续"、"每节重新编号"、"每页重新编号"。

◆　"应用更改"：在"将更改应用于"下拉列表中可以选择所有设置的有效应用范围，如选择"整篇文档"。

步骤 4　设置完后单击"插入"按钮，即可插入脚注或尾注。

图 8-22 所示为插入的脚注效果，选择的位置为"文字下方"；图 8-23 所示为插入的尾注效果，选择的位置为"文档结尾"，编号为"①，②，③，…"。

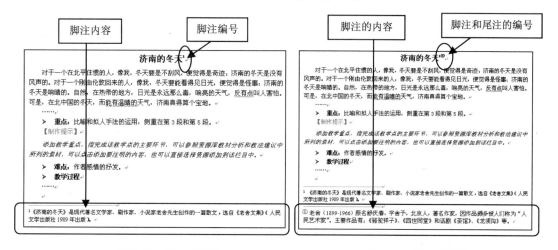

　　图 8-22　添加的脚注　　　　　　　　　　　图 8-23　添加的尾注

✍ 提示：当设置了脚注和尾注后，会在光标处显示编号，在脚注和尾注内容前也将显示该编号，两者一一对应，读者可以方便查阅。

步骤 5　将鼠标指针指向编号上，可以显示脚注或尾注的内容，如图 8-24 所示。

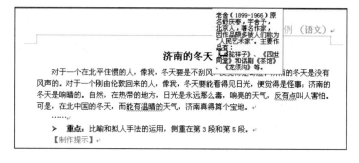

图 8-24　查看脚注的内容

✍️提示：拖动滚动条，也可以查看脚注和尾注的内容；另外，选择"普通"视图，选择"视图"｜"脚注"命令可跳转到脚注位置，如果文档中既有脚注又有尾注，那么会弹出"查看脚注"对话框，在其中可以选择，如图 8-25 所示，确定后在其中可查看具体内容，如图 8-26 所示。

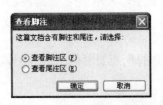

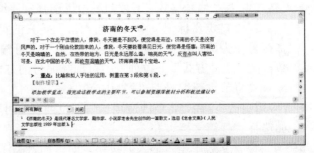

图 8-25　选择查看脚注或尾注　　　　　图 8-26　查看脚注或尾注内容

8.3.2　添加题注

当长文档中，常常配有大量的图片或图表等，为了方便说明，需要为其添加编号和说明文字，手动添加太过烦琐，用题注的方法可以非常方便地添加。

下面来为文档中的图片添加题注，操作如下。

步骤 1　一般为文档中的图片添加题注，都选择在图片下方的空行中，如图 8-27 所示。

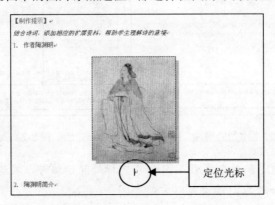

图 8-27　定位需要插入题注的位置

✍️提示：也可以选中图片，这样添加的题注将自动位于图片的下方。

步骤 2　选择"插入"｜"引用"｜"题注"命令，弹出"题注"对话框，如图 8-28 所示。

步骤 3　在"题注"对话框中单击"自动插入题注"按钮，可打开"自动插入题注"对话框，如图 8-29 所示，在"插入时添加题注"列表框中选中复选框，在"选项"选项组中选择使用的标签和位置，单击"确定"按钮可自动添加题注。

步骤 4　在"题注"对话框中，单击"编号"按钮，可以选择题注编号的样式，如图 8-30 所示。

图 8-28 "题注"对话框　　　　　　　　　图 8-29 自动添加题注

步骤 5　在"题注"对话框中单击"新建标签"按钮，弹出"新建标签"对话框，输入"图示"，如图 8-31 所示，单击"确定"按钮。

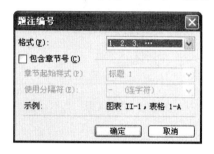

图 8-30 设置编号　　　　　　　　　图 8-31 输入标签为"图示"

步骤 6　在"题注"对话框的"标签"下拉列表中选择刚新建的标签"图示"，在"题注"文本框中输入文本，如图 8-32 所示，单击"确定"按钮，可在光标处插入题注，如图 8-33 所示。

图 8-32 输入图片说明　　　　　　　　　图 8-33 添加的题注

✍提示：默认情况下，在"标签"下拉列表中，有"公式"、"图表"、"表格" 3 个选项可供选择。

✍提示：当要插入其他图片的题注时，只要选择"插入"｜"引用"｜"题注"命令，在其中选择"图示"标签，然后输入图片说明即可插入，题注会自动完成图片的编号。

8.3.3　添加交叉引用

交叉引用是在文档的某一个位置引用本文档另一个位置的注释内容。具体操作步骤如下所述。

步骤 1　将光标定位到需要插入交叉引用的位置处，如图 8-34 所示。

步骤 2　选择"插入"｜"引用"｜"交叉引用"命令，弹出"交叉引用"对话框，如图 8-35 所示。

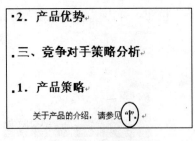

图 8-34　光标的位置

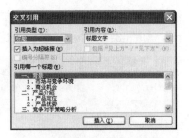

图 8-35　"交叉引用"对话框

步骤 3　在对话框中可以进行如下操作。

◆ "引用类型"：在该下拉列表中可以选择需要在文档中引用的形式，如要引用文档中的标题，那么选择"标题"项。

✍**提示**：在"引用类型"中可以选择"标题"、"书签"、"脚注"、"尾注"、"表格"、"图表"等，选择一类后，会在列表框中列出文档中属于该类的内容。

◆ "引用哪一个标题"列表框：例如在"引用类型"中选择为"标题"，那么会在该列表框中列出文档中的所有标题，用户可以选择要引用的标题。

◆ "引用内容"：在该下拉列表中可以选择需要引用的具体内容，例如可以选择"页码"、"标题文字"、"标题编号"等。

◆ "插入为超链接"复选框：选中该复选框，插入的引用内容将为超链接显示。

例如这里要引用"标题文字"，那么选择"引用类型"为"标题"项，在"引用哪一个标题"列表框中选择一个标题（如"二、产品介绍"），在"引用内容"中选择"标题文字"项，单击"插入"按钮，即可插入一个交叉引用，如图 8-36 所示。

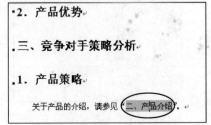

图 8-36　插入的标题

✍**提示**：可以用同样的方法插入"引用内容"为"页码"的交叉引用，插入完成后单击"关闭"按钮；当插入的交叉引用为超链接时，按住 Ctrl 键的同时单击引用，可以跳转到链接的内容。

8.3.4　创建索引

用户可以为文档中的标题或词设置索引，阅读者可以通过索引在文档中查找内容。

1．标记索引

在创建索引之前，首先要标记索引，操作如下。
步骤 1　选择需要标记为索引的文字。
步骤 2　选择"插入"|"引用"|"索引和目录"命令，弹出"索引和目录"对话框，选择"索引"选项卡，如图 8-37 所示。
步骤 3　单击"标记索引项"按钮，打开"标记索引项"对话框，如图 8-38 所示，在"主索引项"文本框中显示为所选的文字。

> 提示：按快捷键 Alt+Shift+X，可以快速打开"标记索引项"对话框。

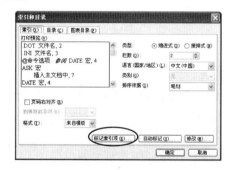

图 8-37　单击"标记索引项"按钮　　　　图 8-38　标记的设置

步骤 4　单击"标记"按钮，可标记选中的文字为索引；单击"标记全部"按钮，可以将文档中所有出现的所选的文字全部标记为索引，完成后单击"关闭"按钮，图 8-39 所示为被标记为索引后的效果。

2．插入索引

标记了索引后，可以在指定位置创建索引目录，操作如下。
步骤 1　定位光标到需要插入索引的位置，一般为文档的结尾处。
步骤 2　选择"插入"|"引用"|"索引和目录"命令，弹出"索引和目录"对话框，选择"索引"选项卡，如图 8-40 所示。
步骤 3　在对话框中设置显示的"栏数"，在"排序依据"中设置排列的方式，可以选择"拼音"或"笔画"项。
步骤 4　单击"确定"按钮，可以在光标处插入索引，如图 8-41 所示。

8.3.5　创建目录

创建目录包括创建文档的标题目录和创建图表目录。在创建文档目录之前，首先需要为文档中的标题设置各个级别的样式；在创建图表目录之前，首先要为图片设置题注。

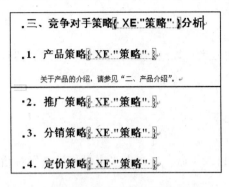

图 8-39   标记为索引的文字   图 8-40   插入索引的设置

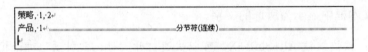

图 8-41   插入的索引

1．创建文档目录

步骤 1   首先，定位光标到需要插入目录的位置。

步骤 2   选择"插入"|"引用"|"索引和目录"命令，弹出"索引和目录"对话框，选择"目录"选择卡，如图 8-42 所示。

步骤 3   在对话框中可以进行如下操作。

◆ "显示页码"：选中该复选框，表示目录中将显示标题所在页的页码。

◆ "页码右对齐"：选中该复选框，表示页码将被放置在目录的右侧。

◆ "使用超链接而不使用页码"：选中该复选框，表示目标中的标题将以超链接的方式显示，用鼠标单击目录中的标题，可跳转到该标题所在的位置。

◆ "制表符前导符"：在该下拉列表中可选择标题与页码之间的分隔符，一般选择"…………"。

◆ "格式"：在该下拉列表中可选择创建目录的一种格式，可以选择"来自模板"、"古典"、"优雅"等。

◆ "显示级别"：在该文本框中可以输入目录中显示的级别数，例如要在目录中显示 5 个级别的标题，那么就输入"5"。

步骤 4   单击"确定"按钮，可在光标位置处插入目录，如图 8-43 所示。

2．创建图表目录

步骤 1   在创建图表的目录之前，首先要为文档中的每幅图片或表格等添加题注，下面为"8.3.2 添加题注"的案例中的图片创建一个目录。

步骤 2   定位光标到需要插入目录的位置。

步骤 3   选择"插入"|"引用"|"索引和目录"命令，弹出"索引和目录"对话框，选择"图表目录"选项卡，如图 8-44 所示。

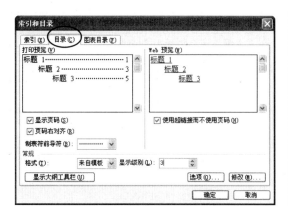

图 8-42　创建文档目录的设置

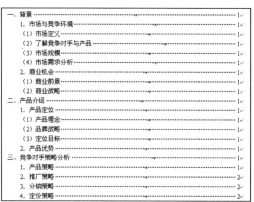

图 8-43　插入的目录

步骤 4　在对话框中的参数与创建文档目录基本一致，所不同的是在"题注标签"下拉列表中需要选择需要创建目录的题注，即可设置题注时添加的标签；选中"包括标签和标号"复选框，那么在目录中将不但会显示图的标题外，还会显示题注中设置的"标签"和"编号"。

步骤 5　单击"确定"按钮，可在光标处插入一个图表目录，如图 8-45 所示。

图 8-44　"图表目录"选项卡

图 8-45　创建的图表目录

8.3.6　本节考点

本节内容的考点如下：添加脚注和尾注、设置脚注和尾注的位置和编号、按照指定的格式添加题注、添加交叉引用（如插入页码、标题文字等）、标记索引和插入索引、创建文档目录和图表目录等。

8.4　本章试题解析

试　　　　题	解　　　　析
一、使用大纲组织文档	
试题 1　使用"大纲"工具栏，设置第一段落的标题为级别 1	在"大纲"工具栏上打开"大纲级别"下拉列表，选择"1 级"

试　题	解　析
试题 2　在当前文档中，将光标所在处的标题降为正文文本	在"大纲"工具栏上单击 ⇒ 按钮
试题 3　利用工具栏上的按钮，展开当前光标所在处的标题，将第 4 行标题上移	在"大纲"工具栏上单击 ✚ 按钮，将光标定位到第 4 行上，单击 ⬆ 按钮
试题 4　在当前文档中，要求显示级别 1	在"大纲"工具栏上，打开"显示级别"下拉列表，选择"显示级别 1"
试题 5　在当前文档中，要求显示所有级别	在"大纲"工具栏上，打开"显示级别"下拉列表，选择"显示所有级别"
试题 6　在文档中，使用快捷键，将第 2 行标题提升级别，要求提升两次	定位光标后按快捷键 Shift+Tab
试题 7　在应用了多级别的标题中，设置 1 级编号的字号为三号，　3 级编号的字号为五号	将光标定位到相应的级别标题中，打开"项目符号和编号"对话框，单击"自定义"按钮，再单击"字体"按钮，在其中设置
试题 8　在当前文档中修改第 2 种列表样式，选择"编号"样式为第 1 行第 2 种样式，选择"格式应用于"为"第二级别"，设置字体为黑体，字号为三号	打开"项目符号和编号"对话框的"列表样式"选项卡，选择要修改的列表样式，单击"修改"按钮，单击"格式"按钮，选择"编号"命令，选择"编号"样式为第 1 行第 2 种样式，单击"确定"按钮，设置字体参数
二、应用主文档和子文档	
试题 1　在当前文档中，切换到大纲视图，选中第 1 章的内容，将其创建为一个子文档	选中内容后单击"大纲"工具栏上的"创建子文档"按钮 📄
试题 2　在当前光标处插入一个子文档	单击"大纲"工具栏上的"插入子文档"按钮 📑，选择文件
试题 3　在主文档中，展开子文档，将第一个子文档删除	在"大纲"工具栏上单击"展开子文档"按钮 📄，选中子文档，单击"大纲"工具栏上的"删除子文档"按钮 📄
三、在文档中引用	
试题 1　在当前光标所在处添加脚注，位置为"文字下方"，编号为"1，2，3，..."，内容为"选自《老舍文集》"	参见"8.3.1 脚注和尾注"
试题 2　在当前光标所在处添加尾注，位置为"文档结尾"，编号为"①，②，③，..."，内容为"选自《老舍文集》"	参见"8.3.1 脚注和尾注"
试题 3　在文档中选中图片，为图片添加题注，题注形式为"图示 A"，然后将题注居中对齐	参见"8.3.2 添加题注"，添加题注后单击"格式"工具栏上的 ≡ 按钮
试题 4　要求在当前光标处添加交叉引用，选择引用类型为标题，应用形式为超链接，引用内容为"标题文字"，选择标题"二、产品介绍"	参见"8.3.3 添加交叉引用"
试题 5　在当前文档中已经选中了"产品"两字，要求将文档中所有"产品"的文字标记为索引	参见"8.3.4 创建索引"
试题 6　在当前光标处插入文档中的索引，要求"栏数"为 1 栏，排序依据为"笔画"	参见"8.3.4 创建索引"

试　题	解　析
试题 7 在当前光标位置处创建文档的目录，要求显示页码，页码右对齐，使用超链接，"格式"为"来自模板"，前导符为"…………"，显示级别为 3 级	参见"8.3.5 创建目录"
试题 8 在当前光标位置处创建文档中图片的目录，标签为"图示"，要求设置前导符为"_____"，"格式"为"优雅"，包括标签和编号，不使用超链接	参见"8.3.5 创建目录"

第 9 章 批量文档的制作

考试基本要求

熟悉的内容:
◆ 制作中国邮政信封和国际邮政信封
  的步骤;
◆ 制作标签的方法;
◆ 邮件合并的操作。

了解的内容:
◆ 在邮件合并时建立数据源;
◆ 常用窗体的使用(包括文本型窗体、
  日期型窗体、复选框型窗体和下拉
  型窗体)、了解保存窗体填写的内
  容和打印。

　　本章讲述了制作信封、制作标签、使用
邮件合并生成批量文件、使用窗体控制填写
内容四大方面的知识。

9.1 制作信封

制作信封是办公过程中经常需要用到的，例如制作一个符合单位规范的特有信封。信封包括中国邮政信封和国际邮政信封，在用 Word 制作信封过程中，用户可以选择信封样式，填写收件人、寄信人信息等。

9.1.1 中国邮政信封的制作

下面举例来说明，例如要制作图 9-1 所示的信封效果，操作如下。

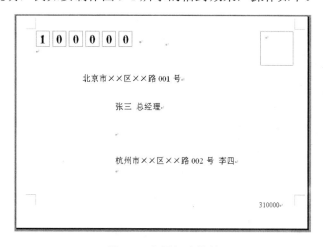

图 9-1　中国邮政信封

步骤 1　在 Word 窗口中，选择"工具"｜"信函与邮件"｜"中文信封向导"命令，弹出"信封制作向导"对话框，如图 9-2 所示，单击"下一步"按钮。

步骤 2　如图 9-3 所示，打开"信封样式"下拉列表，在其中可以选择信封的样式，即信封的尺寸，选择完后单击"下一步"按钮。

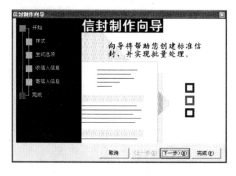

图 9-2　"信封制作向导"对话框

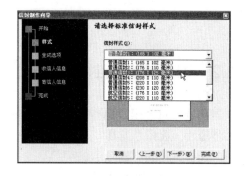

图 9-3　选择信封样式

步骤 3　如图 9-4 所示，在其中可以选择生成信封的方式，可以选中"生成单个信封"

单选按钮，或者选中"以此信封为模板，生成多个信封"单选按钮；选中"打印邮政编码边框"复选框，表示在信封上显示填写邮政编码的方框，单击"下一步"按钮。

✎ 提示：如果选择"以此信封为模板，生成多个信封"单选按钮，那么可以在其下方的列表中选择预定义的地址簿，可以选择 Microsoft Word、Microsoft Excel 或 Microsoft Access。

步骤 4　如图 9-5 所示，输入收件人的"姓名"、"职务"、"地址"和"邮编"，在"邮编位置校正值"选项组中可以调整邮政编码的位置，单击"下一步"按钮。

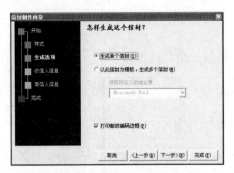
图 9-4　设置生成信封的方式

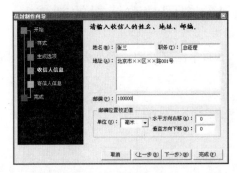
图 9-5　输入收件人信息

步骤 5　如图 9-6 所示，输入寄信人的"姓名"、"地址"和"邮编"，单击"下一步"按钮。

步骤 6　如图 9-7 所示，单击"完成"按钮，完成信封的制作，效果如图 9-1 所示。

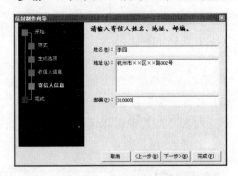
图 9-6　输入寄信人信息

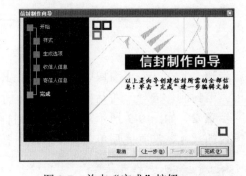
图 9-7　单击"完成"按钮

9.1.2　国际邮政信封的制作

当要制作符合国际标准的邮政信封时，可以进行如下操作。

步骤 1　选择"工具"|"信函与邮件"|"信封和标签"命令，弹出"信封和标签"对话框，选择"信封"选项卡。

步骤 2　在"收信人地址"列表框中输入收件人的信息，在"寄信人地址"列表框中输入寄信人的信息，如图 9-8 所示。

步骤 3　在对话框中单击"选项"按钮，弹出"信封选项"对话框，选择"信封选项"

选项卡，如图 9-9 所示，在其中可以选择信封尺寸，单击"字体"按钮，可以为"收件人地址"和"寄信人地址"设置字体效果。

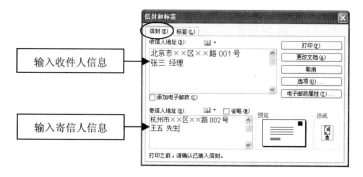

图 9-8 输入收件人和寄信人的信息

步骤 4 选择"打印选项"选项卡，如图 9-10 所示，在其中可以设置一些打印选项，单击"确定"按钮。

图 9-9 "信封选项"选项卡

图 9-10 "打印选项"选项卡

步骤 5 在"信封和标签"对话框中单击"打印"按钮，可打印信封；单击"添加到文档"按钮，可将信封添加到文档，如图 9-11 所示。

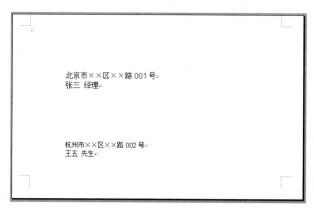

图 9-11 添加到文档的信封

9.1.3　本节考点

本节内容的考点如下：根据指定格式制作一个中国邮政信封、根据指定格式制作国际邮政信封、修改信封的格式等。

9.2　标签的应用

标签也是办公过程中经常需要用的，例如，制作一个附有收件人信息的不干胶标签，然后粘贴到信封上。

9.2.1　创建标签

步骤 1　选择"工具"|"信函与邮件"|"信封和标签"命令，在弹出的"信封和标签"对话框中选择"标签"选项卡。

✍提示：如果需要制作成标签的文字已经输入到文档中了，那么在打开对话框之前需要选中文本。

步骤 2　在对话框的"地址"中输入地址；在"打印"选项组中选中"全页为相同标签"单选按钮，如图 9-12 所示，表示将制作多个相同的标签，分布于整个页面中；选中"单个标签"单选按钮，表示只制作单个标签。

步骤 3　单击"选项"按钮，弹出"标签选项"对话框，如图 9-13 所示，在"标签产品"下拉列表中可选择产品类型，例如选择"Avery A4 和 A5 幅面"项；在"产品编号"中可选择一种编号，设置完后单击"确定"按钮。

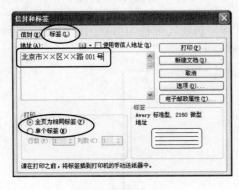

图 9-12　"标签"选项卡

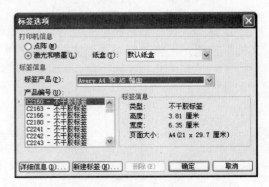

图 9-13　设置标签选项

步骤 4　在"信封和标签"对话框中，单击"打印"按钮，可以将设置的标签打印出来；单击"新建文档"按钮，可将标签创建到文档中去，图 9-14 所示为选中"全页为相同标签"单选按钮后创建的标签效果。

图 9-14　建好的标签

9.2.2　自定义标签

用户也可以自己定义标签，操作如下。

步骤 1　选中需要制作成标签的文本，也可以在"信封和标签"对话框中输入。

步骤 2　选择"工具"|"信函与邮件"|"信封和标签"命令，在弹出的对话框中选择"标签"选项卡，单击"选项"按钮，打开"标签选项"对话框。

步骤 3　在"标签选项"对话框中单击"新建标签"按钮，弹出"新建自定义标签"对话框，如图 9-15 所示，输入标签的名称，并设置标签的边距、高度、宽度等，单击"确定"按钮。

步骤 4　此时回到"标签选项"对话框，如图 9-16 所示，可以看到其中已经新建了的产品编号，单击"确定"按钮。

图 9-15　"新建自定义标签"对话框

图 9-16　新建的产品编号

提示： 在"标签选项"对话框中，选中一种产品编号，单击"详细信息"按钮，可以查看其信息，单击"删除"按钮则可以将其删除。

步骤 5　此时回到"信封和标签"对话框，操作方法与"9.2.1 创建标签"中的一样，可以打印，也可以将标签创建到新文档后保存。

9.2.3　本节考点

本节内容的考点如下：将给定的文档创建为标签、创建单个标签、创建同页分布的多个标签、自定义标签等。

9.3　使用邮件合并

"邮件合并"适用于制作数量较大且文档内容中具有固定不变部分和变化部分的批量文档，变化部分的内容可来自数据表格。

例如要打印信封，寄信人信息是固定不变的，而收件人信息是变化的部分，用户可以首先创建一个"主文档"，在其中输入固定不变的内容，然后创建一个数据源，里面存放变动的收件人信息，使用邮件合并功能在"主文档"中插入变化的信息，合成后的文件用户可以保存为 Word 文档，可以打印出来，也可以以邮件形式发出去。

9.3.1　制作批量信函

下面举例来说明，图 9-17 所示为制作员工工资条的"主文档"（详见素材文件"工资表.doc"），图 9-18 所示为各员工的工资数据源（用 Excel 制作的表格，详见素材文件"工资表.xls"），要求利用这两个文件批量制作出各员工的工资条。

	工资表				
姓名	基本工资	奖金	津贴	扣款	实发工资

图 9-17　工资条的"主文档"

	A	B	C	D	E	F
1	姓名	基本工资	奖金	津贴	扣款	实发工资
2	小A	5600	500	650	750	6000
3	小B	4500	350	500	550	4800
4	小C	7800	300	650	890	7860
5	小D	3500	200	350	350	3700
6	小E	2500	650	350	280	3220
7	小F	5500	150	500	600	5550
8	小G	4500	200	500	550	4650
9	小H	3500	450	350	350	3950

图 9-18　工资条的数据源

操作如下。

步骤 1　在主文档窗口中，选择"工具"|"信函与邮件"|"邮件合并"命令，弹出"邮件合并"任务窗格，如图 9-19 所示。

步骤 2　在任务窗格中可以选择文档的类型，可供选择的选项有"信函"、"电子邮件"、"信封"、"标签"和"目录"，选中"信函"单选按钮，单击下方的"下一步：正在启动文档"链接。

步骤 3　如图 9-20 所示，在任务窗格可以选择开始文档的位置，由于当前打开的是主文档，因此选中"使用当前文档"单选按钮，单击"下一步：选取收件人"链接。

步骤 4　如图 9-21 所示，在任务窗格中可以指定选择收件人的方式，具体如下。

◆　"使用现有列表"：选中该单选按钮，表示在现有的数据源中选择收件人。

◆　"从 Outlook 联系人中选择"：选中该单选按钮，表示从 Outlook 的通讯簿中选择收件人。

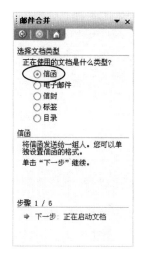 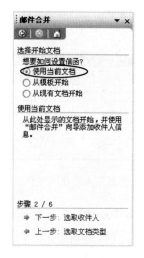

图 9-19 "邮件合并"任务窗格　　　　图 9-20 选择开始文档的位置

◆ "键入新列表"：选中该单选按钮，表示将在文档中直接创建联系人列表，具体可
参见"9.3.2 创建联系人"。

步骤 5 由于本例中已经准备好了数据源文件，因此选中"使用现有列表"单选按钮，
如图 9-21 所示，在"使用现有列表"选项组中单击"浏览"链接，弹出"选择数据源"对
话框，选择数据源文件，本例中为"工资表.xls"，如图 9-22 所示，单击"打开"按钮。

图 9-21 单击"浏览"链接　　　　图 9-22 选择数据源文件

步骤 6 弹出"选择表格"对话框，选择"Sheet1$"，即 Excel 工作簿中的"Sheet1"
工作表，如图 9-23 所示，单击"确定"按钮。

步骤 7 弹出"邮件合并收件人"对话框，如图 9-24 所示，在其中可以选中需要的联
系人，取消选中不需要的联系人，完成后单击"确定"按钮。

✍提示：在"邮件合并收件人"对话框中，单击"全选"按钮，可以将列表中的所
有联系人全部选中；单击"全部清除"按钮，可以将列表中的所有联系人取消选中；单击
联系人左侧的复选框，则可以选中或取消选中该联系人。

步骤 8 此时的任务窗格如图 9-25 所示，单击"下一步：撰写信函"链接。

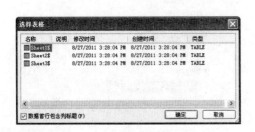

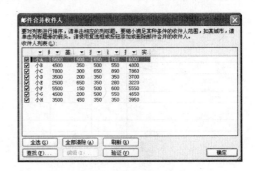

图 9-23　选择联系人所在的工作表　　　　　图 9-24　选中需要的联系人

步骤 9　在主文档中，将光标定位到要插入变动数据的位置，例如首先定位到"姓名"下方的单元格中，在任务窗格的"撰写信函"选项组中，单击"其他项目"链接，如图 9-26 所示。弹出"插入合并域"对话框，如图 9-27 所示，选择"姓名"，单击"插入"按钮，再单击"关闭"按钮。

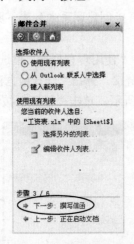

图 9-25　单击"下一步：撰写信函"链接　　图 9-26　单击"其他项目"链接　　　图 9-27　插入合并域

步骤 10　插入合并域的效果如图 9-28 所示。用同样的方法插入其他合并域，效果如图 9-29 所示。

工资表

姓名	基本工资	奖金	津贴	扣款	实发工资
《姓名》					

图 9-28　插入"姓名"合并域

工资表

姓名	基本工资	奖金	津贴	扣款	实发工资
《姓名》	《基本工资》	《奖金》	《津贴》	《扣款》	《实发工资》

图 9-29　插入其他合并域

步骤 11　完成后单击"下一步：预览信函"链接，此时的任务窗格如图 9-30 所示，单击"预览信函"选项组中的 按钮，可在文档中查看邮件合并后的效果。

步骤 12　预览满意后，单击"下一步：完成合并"链接，此时的任务窗格如图 9-31 所示，如果要打印合并后的效果，那么可以单击"打印"链接，弹出"合并到打印机"对话框，如图 9-32 所示，在其中选择需要打印的范围，单击"确定"按钮；如果要将打印结果创建到新文档，那么可以单击"编辑个人信函"链接，此时弹出"合并到新文档"对话框，如图 9-33 所示，在其中可以选择合并记录的范围，选中"全部"单选按钮，单击"确定"
按钮。

图 9-30　预览信函

✍提示：选择"全部"单选按钮，表示合并所有的数据；选中"当前记录"单选按
钮，表示只合并当前在主文档中显示的数据；选中"从*到*"单选按钮，则可以设置需要
合并的区域范围。

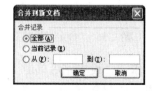

图 9-31　单击合并方式　图 9-32　"合并到打印机"对话框　图 9-33　"合并到新文档"对话框

9.3.2　创建联系人

在邮件合并过程中，当出现图 9-21 所示的任务窗格时，可以在 Word 中创建收件人列
表，操作如下。

步骤 1　在任务窗格中选中"键入新列表"单选按钮，如图 9-34 所示，然后单击下方
的"创建"链接。

步骤 2　此时弹出"新建地址列表"对话框，如图 9-35 所示，在对话框中单击"自定
义"按钮，弹出"自定义地址列表"对话框，如图 9-36 所示，在对话框中可以进行如下
操作。

◆　单击"添加"按钮，可以添加域名。

◆　在列表中选中域名后单击"删除"按钮，可以将其删除。

◆　单击"重命名"按钮，可以对所选域名进行重新命名。

◆ 单击"上移"和"下移"按钮，可以调整域名在列表中的位置。

 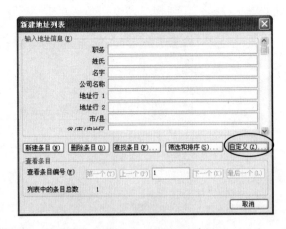

图 9-34　选中"键入新列表"单选按钮　　　　图 9-35　"新建地址列表"对话框

图 9-37 所示为删除操作后只剩下 3 个域名的情况。

图 9-36　"自定义地址列表"对话框　　　　　图 9-37　删除域名

步骤 3　设置完后单击"确定"按钮，返回"新建地址列表"对话框，在对话框中输入信息，如图 9-38 所示，单击"新建条目"按钮，用相同的方法可以输入其他联系人。

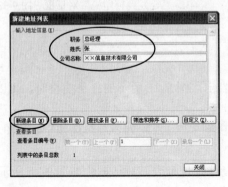

图 9-38　新建条目

✍提示：可以在"新建地址列表"对话框的"查看条目"选项组中翻阅收件人，对于不需要的可以单击"删除条目"按钮可以将其删除，还可以利用"查找条目"按钮，查找收件人等操作。

　　步骤 4　创建完联系人后单击"关闭"按钮，弹出"保存通讯录"对话框，将通讯录保存起来，后面的操作与"9.3.1 制作批量信函"中"步骤 7"之后的操作完全一样，只要在图 9-24 所示的对话框中选择需要的收件人即可。

9.3.3　修改主文档的类型

　　在邮件合并的第一步操作为选择主文档的类型，用户也可以对其进行修改，操作如下。

　　步骤 1　选择"工具"|"信函与邮件"|"显示邮件合并工具栏"命令，或者选择"视图"|"工具栏"|"邮件合并"命令，打开"邮件合并"工具栏。

　　步骤 2　在工具栏上单击"设置文档类型"按钮，如图 9-39 所示。

　　步骤 3　此时弹出"主文档类型"对话框，如图 9-40 所示，在其中选择类型后单击"确定"按钮。

工资表					
姓名	基本工资	奖金	津贴	扣款	实发工资
《姓名》	《基本工资》	《奖金》	《津贴》	《扣款》	《实发工资》

图 9-39　单击"设置文档类型"按钮　　　　　图 9-40　"主文档类型"对话框

　　✍提示：如果要将主文档恢复成普通的文档，可以选中"普通 Word 文档"单选按钮。

9.3.4　制作批量信封

　　在"9.1.1 中国邮政信封的制作"中已经制作了中国邮政的信封效果，接下来使用收件人信息的数据源，来创建批量信封，操作如下。

　　步骤 1　首先准备好收件人信息的数据源文件，如图 9-41 所示，本例中的收件人数据信息为一个 Excel 文件。

	A	B	C
1	邮政编码	联系地址	收件人
2	100000	北京市××区××路001号	张三
3	100000	北京市××区××路002号	李四
4	100000	北京市××区××路003号	王五

图 9-41　数据源

　　步骤 2　打开信封文件，选择"工具"|"信函与邮件"|"显示邮件合并工具栏"命令，或者选择"视图"|"工具栏"|"邮件合并"命令，打开"邮件合并"工具栏。

　　步骤 3　在"邮件合并"工具栏上单击"打开数据源"按钮，弹出"选取数据源"对话框，选择上面准备好的数据源文件，如图 9-42 所示，单击"打开"按钮。

　　步骤 4　弹出"选择表格"对话框，选中工作表"Sheet1$"，如图 9-43 所示，单击"确定"按钮。

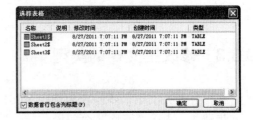

图 9-42　选择要使用的数据源文件　　　　　图 9-43　选择工作表

步骤 5　在"邮件合并"工具栏上单击"收件人"按钮，弹出"邮件合并收件人"对话框，如图 9-44 所示，在对话框中选中需要的收件人，单击"确定"按钮。

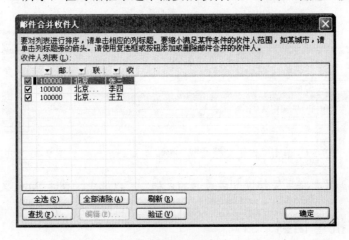

图 9-44　选择收件人

步骤 6　在信封文档中，定位光标收件人的邮政编码文本框中，在"邮件合并"工具栏上单击"插入域"按钮，弹出"插入合并域"对话框，如图 9-45 所示，选择"邮政编码"域，单击"插入"按钮，单击"关闭"按钮关闭对话框，效果如图 9-46 所示。

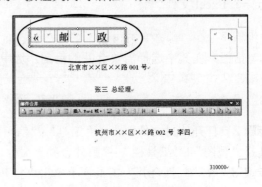

图 9-45　选择"邮政编码"域　　　　　图 9-46　插入的"邮政编码"域

步骤 7　分别选中收件人地址和收件人，然后插入"联系地址"和"收件人"域，如图 9-47 所示。

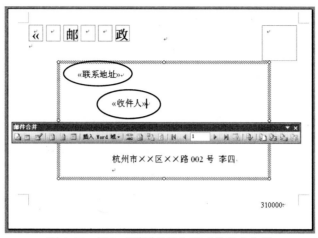

图 9-47 插入"联系地址"和"收件人"域

步骤 8 在"邮件合并"工具栏上单击"查看合并数据"按钮，预览合并后的效果，如图 9-48 所示。

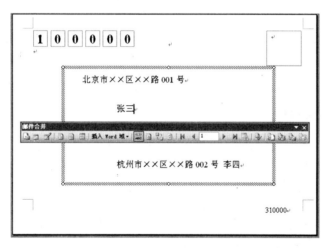

图 9-48 预览合并后的效果

步骤 9 在"邮件合并"工具栏上单击"合并到新文档"按钮，弹出"合并到新文档"对话框，在其中选择需要合并的范围，选中"全部"单选按钮，如图 9-49 所示。

步骤 10 单击"确定"按钮，可将合并结果创建到一个新文档，如图 9-50 所示，最后保存文档并对其进行打印即可。

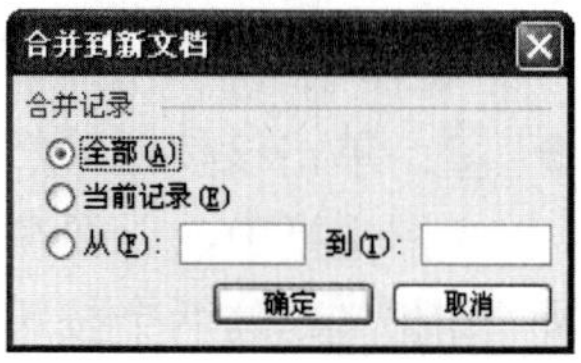

✍**提示**：在"邮件合并"工具栏上单击"合并到打印机"按钮，可以对合并结果进行打印。

图 9-49 "合并到新文档"对话框

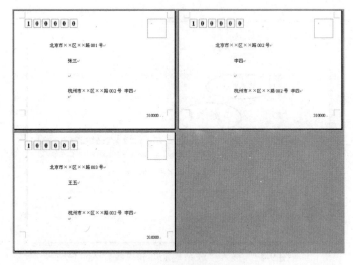

图 9-50　生成的批量信封

9.3.5　本节考点

本节内容的考点如下：将已有主文件和数据源文件进行邮件合并操作、创建收件人列表、选中和取消选中收件人、修改收件人、修改主文档的类型，以及创建批量信封等。

9.4　窗体的应用

在文档中插入窗体，可供用户进行填写或选择操作，常用的窗体有文字型窗体域、复选框型窗体域和下拉型窗体域等。

使用"窗体"工具栏可以来创建各种窗体，选择"视图"|"工具栏"|"窗体"命令，可打开"窗体"工具栏，如图 9-51 所示。

◆ 　：单击该按钮，可以插入文字型窗体域。

◆ 　：单击该按钮，可以插入复选框型窗体域。

◆ 　：单击该按钮，可以插入下拉型窗体域。

◆ 　：单击该按钮，可以打开当前所选窗体域的

图 9-51　"窗体"工具栏

"窗体域选项"对话框，在其中可以对窗体域进行设置。

◆ 　：单击该按钮，然后在文档中拖动鼠标，可绘制出一个图文框，窗体可以放置于图文框中，以便在文档中进行定位以及设置窗体所在区域的格式等。

◆ 　和　：这两个按钮，用来绘制和插入表格，具体使用方法与制作表格中介绍的是一样的。

◆ 　：单击该按钮，可以隐藏窗体底纹。

◆ 　：单击该按钮，可以重新设置窗体域。

◆ 　：单击该按钮，可以锁定窗体，以便保护窗体，再次单击可解除窗体的锁定状态。处于锁定时，可以开始填写窗体内容。

9.4.1   创建常用窗体域与设置

下面来介绍一些常用窗体的创建方法，创建窗体的过程一般包括两个步骤：一是插入窗体；二是打开该窗体的选项对话框，在其中对窗体进行设置。

1. 创建文字型窗体域

步骤 1   定位光标到需要插入窗体的位置处，在"窗体"工具栏上单击"文字型窗体域"按钮|abl|，可在文档中插入一个文字型窗体域，如图 9-52 所示。

图 9-52   创建的文字型窗体域

步骤 2   在"窗体"工具栏上单击"窗体域选项"按钮，可打开"文字型窗体域选项"对话框，如图 9-53 所示。

✍提示：用鼠标双击插入的窗体，或者用鼠标右击插入的窗体，在弹出的菜单中选择"属性"命令，也可以打开"文字型窗体域选项"对话框。

◆ "类型"：在该下拉列表中可以选择设置的类型，如"数字"、"日期"等，例如选择"日期"类型，如图 9-54 所示，然后可以在"默认日期"文本框中输入窗体中默认显示的日期，在"日期格式"文本框中选择日期显示的格式，图 9-55 所示为插入日期域的效果。

图 9-53   "文字型窗体域选项"对话框

图 9-54   设置日期域

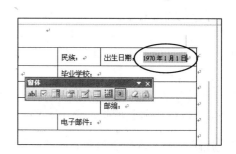

图 9-55   插入的日期域

- ◆ "默认文字"：在该文本框中可以输入在窗体中默认显示的文字。
- ◆ "最大长度"：在该文本框中可以输入窗体中显示的最大字符数。
- ◆ "文字格式"：在该下拉列表框中可以选择文字格式，如文本的大写、小写等格式。
- ◆ "书签"：在该文本框中可以为文字型窗体域自定义域名。

2．创建复选框型窗体域

步骤 1　将光标定位到需要插入复选框型窗体域的位置处。

步骤 2　在"窗体"工具栏中单击"复选框型窗体域"按钮，即可插入该窗体域，如图 9-56 所示。

步骤 3　打开"复选框型窗体域选项"对话框，如图 9-57 所示，在对话框中可以进行如下操作，操作完后单击"确定"按钮，在"窗体"工具栏上单击"保护窗体"，可以测试窗体效果。

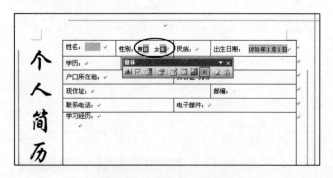

图 9-56　插入复选框型窗体域　　　　图 9-57　"复选框型窗体域选项"对话框

- ◆ "复选框大小"：选中"自动"单选按钮表示将自动调整窗体大小；选中"固定"单选按钮，可以在右侧的数值框中输入窗体的大小。
- ◆ "默认值"：选中"未选中"单选按钮，表示窗体默认呈未选中状态；选中"选中"单选按钮，表示窗体默认呈选中状态。

3．创建下拉型窗体域

步骤 1　将光标定位到需要插入下拉型窗体域的位置处。

步骤 2　在"窗体"工具栏上单击"下拉型窗体域"按钮，即可插入该窗体域，如图 9-58 所示。

打开"下拉型窗体域选项"对话框，如图 5-59 所示，在其中可以进行如下操作，操作完后单击"确定"按钮，在"窗体"工具栏上单击"保护窗体"，可以测试窗体效果。

- ◆ "下拉项"：在该文本框中输入名称，单击"添加"按钮，可将输入的文本添加到窗体域中。
- ◆ "下拉列表中的项目"：在该列表框中显示添加的项目，选中项目后单击"删除"按钮，可以将其删除，单击右侧的 ▲ 和 ▼ 按钮，可以调整所选项目的上下位置。

✍ **提示**：在窗体的选项对话框中，单击左下角的"添加帮助文字"按钮，可以为窗体添加帮助文字。

图 9-58　插入下拉型窗体域　　　　　　图 9-59　"下拉型窗体域选项"对话框

4．保存窗体域内容

步骤 1　在填写了窗体域内容的文档中，选择"工具"|"选项"命令，打开"选项"对话框，选择"保存"选项卡，如图 9-60 所示。

步骤 2　在"保存选项"选项组中选中"仅保存窗体域内容"复选框，单击"确定"按钮。

步骤 3　对文档执行保存操作，如图 9-61 所示，可将文件保存为纯文本文件（格式为 .txt），单击"保存"按钮后弹出"文件转换"对话框，如图 9-62 所示，在其中可以选择文本编码及一些选项设置，设置完后单击"确定"按钮。

图 9-60　选中"仅保存窗体域内容"复选框　　　　图 9-61　保存文档

5．打印窗体域内容

步骤 1　选择"工具"|"选项"命令，在弹出的"选项"对话框中选择"打印"选项卡，如图 9-63 所示。

步骤 2　在"只用于当前文档的选项"选项组中选中"仅打印窗体域内容"复选框，单击"确定"按钮。

步骤 3　设置完后执行打印操作即可。

9.4.2　本节考点

本节内容的考点如下：在指定位置插入文字型窗体域、设置文字型窗体域、设置日期型窗体域、插入并设置复选框型窗体域和下拉型窗体域、只保存窗体域填写的内容、只打印窗体域填写的内容等。

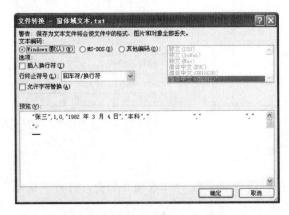

图 9-62　"文件转换"对话框

图 9-63　选中"仅打印窗体域内容"复选框

9.5　本章试题解析

试　题	解　析
一、制作信封	
试题 1　要求制作一个中国邮政信封，信封样式为"普通信封 3"，收件人信息为"北京市××区××路 001 号 张三经理"，邮编"100000"，寄件人信息为"杭州市××区××路 002 号 王五"，邮编为"310000"，最后将信封保存到桌面上，名称为"信封.doc"	参见"9.1.1 中国邮政信封的制作"
试题 2　制作一个国际邮政信封，收件人信息为"北京市××区××路 001 号"，寄件人信息为"杭州市××区××路 002 号"，设置信封尺寸为"10 型"	参见"9.1.2 国际邮政信封的制作"
试题 3　在当前信封中，要求设置信封尺寸为"普通 2"，修改收信人地址的字体为黑体，寄信人地址的字体为隶书	打开"信封和标签"对话框的"信封"选项卡，单击"选项"按钮进行设置
二、标签的应用	
试题 1　将文本"北京市××区××路 001 号"创建为标签，要求全页为相同标签，标签产品为"Avery A4 和 A5 幅面"项，产品编号为"C2166 - 不干胶标签"，新建文档，保存标签到桌面上，名称为"标签"	参见"9.2.1 创建标签"
试题 2　在文档中，将当前所选的文本制作为单个标签，标签产品为"Avery A4 和 A5 幅面"项，产品编号为"C2166 - 不干胶标签"，打印输出	参见"9.2.1 创建标签"

试　　题	解　　析
试题 3　在当前文档中，将所选的文本自定义为产品编号，产品编号名称为"llh001"，将标签创建到新文档	参见"9.2.2　自定义标签"
三、使用邮件合并	
试题 1　已知主文件"工资表.doc"和数据源文件"工资表.xls"，要求创建所有员工的工资条	参见"9.3.1　制作批量信函"
试题 2　在邮件合并时，要求创建收件人列表，只包含域名"职务"、"姓氏"和"公司名称"，输入收件人信息分别为"吴总经理"，"李秘书"，"胡主任"，"公司名称"为"××公司"，最后将数据保存到桌面上，文件名称为"××公司"	参见"9.3.2　创建联系人"
试题 3　在邮件合并过程中，要求使用上题中的收件人，将"职务"、"姓氏"、"公司名称"按顺序插入，最后合并到新的文档中	参见"9.3.2　创建联系人"和"9.3.1　制作批量信函"
试题 4　在邮件合并过程中，要求修改收件人信息，取消"李秘书"，将"胡主任"修改为"潘经理"	在邮件合并时，当任务窗格显示"选择收件人"时，单击"编辑收件人列表"链接，取消选中不需要的联系人，选中需要修改的联系人，单击"编辑"按钮进行修改
试题 5　在当前打开的邮件合并主文档中，要求将其类型修改为信封类型	参见"9.3.3　修改主文档的类型"
试题 6　在当前打开的邮件合并主文档中，要求将其类型修改为普通文档类型	参见"9.3.3　修改主文档的类型"
四、窗体的应用	
试题 1　在当前文档中的"姓名"右侧，创建一个文字型窗体域，设置最大长度为 6，对窗体进行保护，最后将文件保存为模板	定位光标后，在"窗体"工具栏上单击 ⓐ，再单击 🖱，打开选项对话框，设置"最大长度"为"6"后确定，在"窗体"工具栏上单击 🔒进行保护，将文档另存为模板
试题 2　在当前文档中的"出生日期"右侧，插入日期窗体域，输入"默认日期"为"1970 年 1 月 1 日"，设置格式为"yyyy 年 M 月 d 日"	定位光标的位置，在"窗体"工具栏上单击 ⓐ，再单击 🖱，打开选项对话框，在其中选择"类型"为"日期"，然后进行设置
试题 3　在当前文档中的"学历"右侧，创建一个下拉型窗体域，然后添加"高中"、"专科"、"本科"、"硕士"下拉列表，保护窗体	参见"9.4.1 创建常用窗体域与设置"中的"3. 创建下拉型窗体域"
试题 4　将当前文档仅保存窗体域填写的内容（保存时利用"常用"工具栏），保存的位置和文件名均为默认	参见"9.4.1 创建常用窗体域与设置"中的"4. 保存窗体域内容"
试题 5　通过设置，仅打印窗体域填写的内容利用按钮打印	参见"9.4.1 创建常用窗体域与设置"中的"5. 打印窗体域内容"